T0206305

Datenbasierte Zustandsüberwachung in Personenkraftfahrzeugen mit Anwendung an einem Drei-Wege-Katalysator

Chris Jan Louen

Datenbasierte Zustands- überwachung in Personenkraftfahrzeugen mit Anwendung an einem Drei-Wege-Katalysator

 Springer Vieweg

Chris Jan Louen
Duisburg, Deutschland

Von der Fakultät für Ingenieurwissenschaften, Abteilung Elektrotechnik und Informationstechnik der Universität Duisburg-Essen zur Erlangung des akademischen Grades Doktor der Ingenieurwissenschaften genehmigte Dissertation von Chris Jan Louen.

Gutachter: Prof. Dr.-Ing. Steven X. Ding, Prof. Dr.-Ing. Clemens Gühmann.
Tag der mündlichen Prüfung 21.01.2016

ISBN 978-3-658-14444-9   ISBN 978-3-658-14445-6 (eBook)
DOI 10.1007/978-3-658-14445-6

Die Deutsche Nationalbibliothek verzeichnet diese Publikation in der Deutschen Nationalbibliografie; detaillierte bibliografische Daten sind im Internet über http://dnb.d-nb.de abrufbar.

Springer Vieweg
© Springer Fachmedien Wiesbaden 2016

Gedruckt auf säurefreiem und chlorfrei gebleichtem Papier

Springer Vieweg ist Teil von Springer Nature
Die eingetragene Gesellschaft ist Springer Fachmedien Wiesbaden GmbH

Vorwort

Die vorliegende Dissertation entstand während meiner Tätigkeit als wissenschaftlicher Mitarbeiter an der Universität Duisburg-Essen im Fachgebiet Automatisierungstechnik und Komplexe Systeme (AKS).

Ganz besonders danke ich Herrn Prof. Dr.-Ing. Steven X. Ding, Leiter des Fachgebietes AKS, für die umfassende wissenschaftliche Betreuung, die anregenden Diskussion und Unterstützung sowie für die Übernahme des Hauptreferates.

Bei Herrn Prof. Dr.-Ing. Clemens Gühmann, Leiter des Fachgebiets Elektronische Mess- und Diagnosetechnik (Technische Universität Berlin) bedanke ich mich für das große Interesse an dieser Arbeit und für die Bereitschaft zur Übernahme des Korreferates.

Das vorgestellte Konzept für die datenbasierte Zustandsüberwachung von dynamischen Betriebszuständen wurde im Rahmen eines mit der Ingenieurgesellschaft Auto und Verkehr (IAV) GmbH geführten Industrieprojektes entwickelt und getestet. Für die damit verbundene finanzielle Unterstützung der Forschungsarbeit sowie das Vertrauen möchte ich mich an dieser Stelle, insbesondere bei dem zuständigen Fachbereichsleiter, Herrn Dipl.-Ing. M. Schultalbers, bedanken. Für die Unterstützung, fachliche Betreuung und die Einschätzung aus der Praxis seitens der IAV bedanke ich mich recht herzlich bei allen im Projekt Beteiligten und insbesondere bei Frau Dr. rer. nat. Guergana Dobreva, Herrn Dipl.-Ing. Ingolf Pietsch, Herrn Dipl.-Ing. Steffen Zwinzscher und Herrn Dr.-Ing. Nick Weinhold.

Danken möchte ich auch allen Mitarbeiterinnen und Mitarbeitern des Fachgebietes AKS für die vielen hilfreichen Diskussionen, die immer wieder Anregungen zu neuen Ideen gegeben haben. Ein besonderer Dank gilt an dieser Stelle Herrn Dr.-Ing. Adel Haghani, Frau Dr.-Ing. Birgit Köppen-Seliger, Herrn Dipl.-Ing. Eberhard Goldschmidt und Herrn M.Sc. Tim Könings für die vielen Diskussionen und Anregungen. Bei Herrn Dipl.-Ing. Christoph Kandler und Herrn M.Sc. Hao Luo möchte ich mich auch nochmal für die schöne Zeit als Büronachbarn bedanken. Für die Hilfestellung bei Organisatorischen Fragen und die jederzeit funktionierende IT-Infrastruktur gilt mein dank Frau Sabine Bay und Herrn Dipl.-Ing. Klaus Göbel.

Für die Korrektur meiner Arbeit möchte ich mich noch bei Frau Gudrun Owsianowski bedanken. Meinen Eltern Brigitte und Helmut Louen bin ich dankbar für die Ermöglichung des Studiums der Elektrotechnik.

Den mir wichtigsten Dank möchte ich an meine Frau Anne Louen richten, die mir stets mit ihrer Liebe, Geduld und Unterstützung ein großer Rückhalt gewesen ist und auf einen Teil unserer gemeinsamen Zeit verzichten musste. Ihr Einsatz hat entscheidend zu dem Gelingen der Arbeit beigetragen.

Inhaltsverzeichnis

Nomenklatur

Die folgende Nomenklatur führt in die verwendeten Abkürzungen und Formelzeichen der vorliegenden Arbeit ein. Dabei folgt der gewählte Schriftsatz der DIN 1338. Dementsprechend werden skalare Größen durch normal gedruckte Zeichen dargestellt. Fett gedruckte kleine Buchstaben werden für Vektoren und fett gedruckte große Buchstaben für Matrizen verwendet. Kalligrafische Großbuchstaben kennzeichnen Mengen. Um eine bessere Lesbarkeit zu gewähren, wird die Zeitabhängigkeit von physikalischen Größen und Signalen oftmals weggelassen.

Akronyme

Zeichen	Beschreibung
1K-SVM	Ein-Klassen-*Support Vector Machine*
2K-SVM	Zwei-Klassen-*Support Vector Machine*
DWK	Drei-Wege-Katalysator
EDL	Ende der nutzbaren Lebensdauer
FD-1K-SVM	Fehlerdetektion-Ein-Klassen-*Support Vector Machine*
FD-2K-SVM	Fehlerdetektion-Zwei-Klassen-*Support Vector Machine*
OBD	*On-Board-Diagnose*
SVM	*Support Vector Machine*

Chemische Formelzeichen

Zeichen	Beschreibung
Ce_2O_3	Cer(III)-oxid
Ce_2O_4	Cer(IV)-oxid
CO	Kohlenstoffmonoxid
CO_2	Kohlenstoffdioxid
H_2	Wasserstoff
H_2O	Wasser
H_aC_b	Kohlenwasserstoffe
HC	Kohlenwasserstoff
N_2	Stickstoff
NO	Stickstoffmonoxid
NO_x	Stickoxide
O_2	Sauerstoff
$\rightarrow$	Reaktionspfeile
$\rightleftharpoons$	Gleichgewichtspfeile

Symbole des Drei-Wege-Katalysators

Zeichen	Einheit	Beschreibung
A_r	$\left[\frac{1}{s}\right]$	Vorfaktor der Arrhenius-Gleichung von Reaktion r
A_V	$\left[\frac{m^2}{m^3}\right]$	Spezifische Oberfläche pro Volumen des DWKs
c_0	$\left[\frac{mol}{m^3}\right]$	Totale Abgaskonzentration
$c_{p,A}$	$\left[\frac{J}{kg \cdot K}\right]$	Spezifische Wärmekapazität des Abgases
$c_{p,K}$	$\left[\frac{J}{kg \cdot K}\right]$	Spezifische Wärmekapazität des DWKs
$c_{q,n}, c_{q,n}^k$	$[-]$	Konzentration der Abgaskomponenten q in Zelle n (korrigiert für das Sprung-Lambdasonde-Modell)
$c_{q,nK}$	$[-]$	Konzentration der Abgaskomponenten q nach dem DWK
$c_{q,vK}$	$[-]$	Konzentration der Abgaskomponenten q vor dem DWK
$cpsi$	$\left[\frac{1}{in^2}\right]$	Zellendichte des DWKs
C_{O_2}	$\left[\frac{mol}{m^3}\right]$	Sauerstoffspeicherkapazität des DWKs
E_r	$\left[\frac{J}{mol}\right]$	Aktivierungsenergie der Arrhenius-Gleichung von Reaktion r
$f_q(\cdot)$	$[-]$	Funktion zur Berechnung der Konzentration von Abgaskomponente q aus dem Luft-Kraftstoff-Gemisch vor dem DWK
$\Delta G_{r,n}$	$\left[\frac{J}{mol}\right]$	Gibbs-Energie von Reaktion r in Zelle n
$h_{q,i}$	$\left[\frac{J}{mol}\right]$	Konstanten für die Näherung der Enthalpie von der Abgaskomponente q mit $i = 1,2$
$H_{o,n}$	$\left[\frac{J}{mol}\right]$	Enthalpie der Oberflächenkomponente o
$H_{q,n}$	$\left[\frac{J}{mol}\right]$	Enthalpie der Abgaskomponente q
$\Delta H_{r,n}$	$\left[\frac{J}{mol}\right]$	Enthalpieänderung der Reaktion r in Zelle n
I_p	$[A]$	Pumpstrom einer Breitband-Lambdasonde
$k_{r,n}$	$[-]$	Reaktionskonstante der Reaktion r in Zelle n
$K_{r,n}$	$[-]$	Gleichgewichtskonstante der Reaktion r in Zelle n
l_K	$[m]$	Länge des DWKs
L_i	$\left[V, \frac{1}{ppm}\right]$	Modell-Koeffizienten der Sprung-Lambdasonde mit $i = 1, \ldots, 7$
m_K	$[kg]$	Masse des DWKs
m_{KS}	$[kg]$	Kraftstoffmasse für die Verbrennung
m_L	$[kg]$	Frischluftmasse für die Verbrennung
m_{O_2}	$[kg]$	Sauerstoffmasse die der DWK speichern kann
$\dot{m}_A$	$\left[\frac{kg}{s}\right]$	Abgasmassenstrom
$\dot{m}_L$	$\left[\frac{kg}{s}\right]$	Frischluftmassenstrom
$\bar{\dot{m}}_A$	$\left[\frac{kg}{s}\right]$	Abgasmassenstrom (Mittelwert)
M_A	$\left[\frac{kg}{mol}\right]$	Molare Masse des Abgases
M_K	$\left[\frac{kg}{mol}\right]$	Molare Masse des DWKs
M_{O_2}	$\left[\frac{kg}{mol}\right]$	Molare Masse des Sauerstoffs
n_A	$[-]$	Anzahl der Abgaskomponenten
n_K	$[-]$	Anzahl der DWK Oberflächenkomponenten
n_Z	$[-]$	Anzahl der Zellen im Modell

Zeichen	Einheit	Beschreibung
p_U	[Pa]	Umgebungsluftdruck
$\dot{Q}_{A,n}$	$\left[\frac{J}{s}\right]$	Wärmestrom im Abgas in Zelle n
$\dot{Q}_{AK,n}$	$\left[\frac{J}{s}\right]$	Wärmestrom zwischen Abgas und DWK in Zelle n
$\dot{Q}_{R,n}$	$\left[\frac{J}{s}\right]$	Wärmestrom durch die exothermen Reaktionen in Zelle n
r_K	[m]	Radius des DWKs
R	$\left[\frac{J}{mol \cdot K}\right]$	Universelle Gaskonstante
$s_{q,i}$	$\left[\frac{J}{mol}\right]$	Konstanten für die Näherung der Entropie von der Abgaskomponente q mit $i = 1,2,3$
$S_{o,n}$	$\left[\frac{J}{mol \cdot K}\right]$	Entropie der Oberflächenkomponenten o in Zelle n
$S_{q,n}$	$\left[\frac{J}{mol \cdot K}\right]$	Entropie der Abgaskomponenten q in Zelle n
$\Delta S_{r,n}$	$\left[\frac{J}{mol \cdot K}\right]$	Entropieänderung der Reaktion r in Zelle n
Δt	[s]	Dauer (Sauerstoff-Eintrag/-Austrag)
$T_{A,n}$	[K]	Abgastemperatur in Zelle n
$T_{K,n}$	[K]	DWK-Temperatur in Zelle n
T_s	[s]	Abtastzeit
$U_{n,Sp}, U_{n,Sp}^s$	[V]	Sprung-Lambdasonden-Spannung nach Zelle n (stationär)
U_{nK}	[V]	Sprung-Lambdasonden-Spannung nach dem DWK
U_{vK}	[V]	Sprung-Lambdasonden-Spannung vor dem DWK
$\bar{U}_{vK}, \bar{U}_{vK}^n$	[V]	Mittelwert der Sprung-Lambdasonden-Spannung vor dem DWK (normiert)
$v_{r,n}$	$\left[\frac{1}{s}\right]$	Reaktionsgeschwindigkeit der Reaktion r in Zelle n
V_K	[m^3]	Drei-Wege-Katalysator Volumen
w_{Sp}	[−]	Korrekturfaktor des Sprung-Lambdasonden-Modells
α	$\left[\frac{W}{m^2 \cdot K}\right]$	Wärmeübergangskoeffizient
ϵ	[−]	Kompressionsfaktor
$\theta_{o,n}$	[−]	Aufkommen von Oberflächenkomponente o in Zelle n
$\bar{\theta}_{Ce_2O_4}$	[−]	Mittelwert des Aufkommens von Cer(IV)-oxid auf der Oberfläche über alle Zellen (Relative Sauerstoff Level)
$\vartheta_{A,nK}$	[°C]	Abgastemperatur nach dem DWK
$\vartheta_{A,vK}$	[°C]	Abgastemperatur vor dem DWK
λ, λ_n	[−]	Luft-Kraftstoff-Gemisch (in Zelle n)
$\lambda_{n,Br}, \lambda_{n,Br}^s$	[−]	Gemessenes Luft-Kraftstoff-Gemisch der Breitband-Lambdasonde nach Zelle n (stationär)
λ_{nK}	[−]	Luft-Kraftstoff-Gemisch nach dem DWK
λ_{nM}	[−]	Luft-Kraftstoff-Gemisch nach dem Motor
$\lambda_{vK}, \lambda_{vK,Br}$	[−]	Luft-Kraftstoff-Gemisch vor dem DWK (Breitband-Lambdasonde)
$\bar{\lambda}_{vK}, \bar{\lambda}_{vK}^n$	[−]	Mittelwert des Luft-Kraftstoff-Gemisch vor dem DWK (normiert)
$\nu_{r,o}$	[−]	Stöchiometrischer Koeffizient der Oberflächenkomponenten o in Reaktion r

Zeichen	Einheit	Beschreibung
$\nu_{r,q}$	$[-]$	Stöchiometrischer Koeffizient der Abgaskomponenten q in Reaktion r
τ_{Sp}, τ_{Sp}^{d}	[ms]	Zeitkonstante der Sprung-Lambdasonde (diskret)
τ_{Br}, τ_{Br}^{d}	[ms]	Zeitkonstante der Breitband-Lambdasonde (diskret)
τ_{G}^{d}	$[-]$	Zeitkonstante der Gasdurchmischung (diskret)
τ_{t}^{d}	$[-]$	Gastransport Totzeit (diskret)
$(\cdot)_n$	$[-]$	Nummer der Zelle $n = 0, \ldots, n_z, vK = 0, nK = n_z$
$(\cdot)_o$	$[-]$	Indizes der Oberflächenkomponenten (Ce_2O_3, Ce_2O_4)
$(\cdot)_q$	$[-]$	Indizes der Abgaskomponenten (O_2, H_2, H_2O, CO, CO_2)
$(\cdot)_r$	$[-]$	Indizes der Reaktionen (O_2, H_2, CO)

Mathematische und regelungstechnische Formelzeichen

Zeichen	Beschreibung
a	Parameter des Polynom-*Kernels*
$B_{Aus}, B_{Schub}, B_{Sonde}$	Bit (Anforderung Ausräumen/Schub, Sondenbereitschaft)
$\mathbf{c}, c$	Klasse der Merkmalsvektoren, des Merkmalsvektors
$\hat{\mathbf{c}}, \hat{c}$	Geschätzte Klasse der Merkmalsvektoren, des Merkmalsvektors
d, d_{norm}	SVM-Distanz (normiert)
$\mathbf{f}, f$	Fehlervektor, -größe
$\mathbf{g}_k(\cdot), \mathbf{g}_e(\cdot)$	Zustandsfunktion (zeit-/ereignisdiskret)
$g(\cdot), \mathbf{g}_{GB}(\cdot), \mathbf{g}_{UB}(\cdot)$	Optimierungsfunktion, Gleichungs-/ Ungleichungsbedingung
$\mathbf{g}_m(\cdot)$	Funktion zur Merkmalsgenerierung
$\mathbf{h}_k(\cdot), \mathbf{h}_e(\cdot)$	Ausgangsfunktion (zeit-/ereignisdiskret)
k_k, k_e	Abtastschritt, Ereignisschrtitt
$\mathbf{K}(\cdot, \cdot)$	*Kernel*-Funktion
l	Anzahl der Merkmale
$L(\cdot)$	Lagrange Problem
$\mathbf{m}, m, \mathbf{m}_{norm}, m_{norm}$	Merkmalsvektor,-größe (normiert)
$\max(\cdot), \min(\cdot)$	Maximum, Minimum
n, n_t, n_{sv}	Anzahl (Training, Stützvektoren)
$n_{FP}, n_{FN}, n_{RP}, n_{RN}$	Anzahl (falsch positiv bzw. negativ, richtig positiv bzw. negativ)
p	Ordnung des Polynoms
P_{IUPR}, P_{FK}	*In Use Performance Ratio*, Fehlklassifikationsrate
q	Zustand des Automaten
$\mathrm{sgn}(\cdot)$	Signumfunktion
$t, \Delta t$	Zeit, Dauer
$\mathbf{u}_k, \mathbf{u}_e$	Eingangsvektor (zeit-/ereignisdiskret)
$\mathbf{v}_k, \mathbf{v}_e$	Eingangsvektor (Injektor/Quantisierer)
$\mathbf{w}, w$	Gewichtungsvektor, -faktor
$\mathbf{x}_k, \mathbf{x}_e$	Zustandsvektor (zeit-/ereignisdiskret)
$\mathbf{y}_k, \mathbf{y}_e, y_k, y_e$	Ausgangsvektor, -größe (zeit-/ereignisdiskret)
$z, \Delta z$	Zustand (Zustandsänderung) einer Komponente
$\boldsymbol{\alpha}, \alpha$	Lagrange Multiplikator (Vektor, Skalar)

Zeichen	Beschreibung
γ	Vergessensfaktor
ζ, ζ	Lagrange Multiplikator (Vektor, Skalar)
Θ	Transition des Zustandsautomaten
$\Lambda(\cdot)$	Duale Lagrange Funktion
μ, μ	Lagrange Multiplikator (Vektor, Skalar)
ν	Parameter für max. Anteil an Ausreißern
ξ, ξ	Schlupfvariablenvektor, Schlupfvariable
ρ	Verschiebung der Hyperebene
σ	Standardabweichung
$\phi(\cdot)$	Merkmalsraum Transformation
$\overline{(\cdot)}$	Mittelwert
$(\cdot)^T$	Tansponiert

Formelzeichen der Mengenlehre

Zeichen	Beschreibung
$\mathcal{M}$	Menge der theoretisch möglichen Merkmalskombinationen
$\mathbb{N}$	Menge der natürlichen Zahlen
$\mathcal{Q}$	Menge der Zustände in einem Zustandsautomaten
$\mathbb{R}$	Menge der reellen Zahlen
$\mathcal{SV}$	Menge der Indizes von den Stützvektoren
$\mathcal{SV}_0$	Menge der Indizes von den Stützvektoren ohne Ausreißer
$\mathcal{T}$	Menge der Indizes von den Merkmalsvektoren im Training
$\mathcal{Z}$	Menge der Merkmalskombination mit Zustandsänderung Δz
$\emptyset$	Leere Menge
$\in$	Element von
$\notin$	Kein Element von
$\forall$	Für alle Elemente
$\mid$	Bedingung
$\nsubseteq$	Keine Teilmenge
$\setminus$	Differenz von zwei Mengen
$\triangle$	Symmetrische Differenz von zwei Mengen
$\vee$	Disjunktion
$\wedge$	Konjunktion
$(\cdot)^-$	Indizes der negativen Klasse $c = -1$
$(\cdot)^+$	Indizes der positiven Klasse $c = 1$

1 Einleitung

Die Anforderungen an die Überwachung und Regelung von Kraftfahrzeugen steigen stetig und die Entwicklung wird hauptsächlich durch die schrittweise strenger werdenden Gesetzgebungen zur Reduktion der ausgestoßenen Emissionen vorangetrieben. Erstmals wurde ein entsprechendes Gesetz vor über 40 Jahren in Kalifornien erlassen und bis heute haben viele Länder mit eigenen Vorschriften oder durch Übernahme der Vorschriften anderer Länder nachgezogen (Feßler, 2011). Als besonders streng sind die Gesetzgebungen in Europa und in Kalifornien zu bewerten. Die Vorschriften für Fahrzeuge mit Ottomotor begrenzen den Ausstoß von schädlichen Abgaskomponenten wie Kohlenmonoxid (CO), Kohlenwasserstoff (HC), Stickoxide (NO_x) und die Feinstaubpartikelmasse (EU, 2007).

Die Gesetzgebung begrenzt dabei nicht nur den Emissionsausstoß der Fahrzeuge, sondern verpflichtet seit einiger Zeit die Hersteller, alle emissionsrelevanten[1] Komponenten im Fahrzeug zu überwachen. Eine Fehlfunktion von einer solchen Komponente muss über die Motorkontrollleuchte an den Fahrer gemeldet werden. In Europa gibt es zum Beispiel seit 2000 eine entsprechende Bestimmung mit Einführung der europäischen *On-Board-Diagnose* (OBD) (EU, 1998). Damit soll die Einhaltung der vorgeschriebenen Grenzwerte im alltäglichen Betrieb sichergestellt werden (Reif und Dietsche, 2014). Hierzu gehört die elektrische und funktionelle Überwachung der emissionsrelevanten Komponenten. Mit der neusten europäischen Vorschrift wurde als neue Anforderung die Überwachung der Diagnosehäufigkeit von den OBD-Funktionen im Alltag durch die *In Use Performance Ratio* P_IUPR festgelegt und jeweils bestimmte Quoten für die mindestens zu erreichende Diagnosehäufigkeit vorgegeben. Die *In Use Performance Ratio* ist dabei definiert durch

$$P_\text{IUPR} = \frac{\text{Anzahl der Fahrzyklen mit Überwachungsergebnis}}{\text{Anzahl der Fahrzyklen}} \qquad (1.1)$$

und für viele Überwachungen ist ein Wert von $P_\text{IUPR} \geq 0{,}336$ festgesetzt (EU, 2008). Der Zähler für die Fahrzyklen wird immer dann hochgezählt, wenn unter anderem mindestens zehn Minuten seit dem Motorstart vergangen sind und mindestens fünf Minuten eine Geschwindigkeit von $40\,\text{km/h}$ oder mehr erreicht wurde.

Zusätzlich zu den gesetzlichen Anforderungen kommen die Wünsche der Kunden nach stetig steigender Leistung, Komfort und Sicherheit bei gleichzeitiger Verbesserung der Verfügbarkeit und sinkenden Betriebskosten. Ein zu lösendes Problem dabei ist die dadurch ausgelöste wachsende Anzahl an Komponenten und die Zunahme der Systemkomplexität. Einhergehend mit der steigenden Anzahl an Komponenten sind eine steigende Ausfallwahrscheinlichkeit und steigende Betriebskosten. Eine Qualitätssteigerung der einzelnen Komponenten kann die Ausfallwahrscheinlichkeit senken, doch bei vielen Komponenten ist die Qualitätssteigerung aus wirtschaftlicher Sicht nicht möglich.

In modernen Fahrzeugen werden die Grenzwerte für den Emissionsausstoß durch den Einsatz von Abgasnachbehandlungssystemen erreicht. Rein motorische Maßnahmen sind

---

[1] Unter emissionsrelevanten Komponenten werden alle Komponenten verstanden, durch deren Fehlfunktion der Emissionsausstoß steigen kann.

schon seit einiger Zeit nicht mehr ausreichend. Bis heute stellt der Drei-Wege-Katalysator (DWK) die wirkungsvollste Komponente in der Abgasnachbehandlung eines Ottomotors dar. Es ist offensichtlich, dass alle Komponenten der Abgasnachbehandlung emissionsrelevant sind und dementsprechend eine Überwachung durch den Gesetzgeber gefordert ist. Die Anzahl der zu überwachenden Komponenten und die Komplexität der dafür benötigten Überwachungsfunktion haben dazu geführt, dass die OBD in heutigen Motorsteuergeräten einen Anteil von 40 – 50 % am Gesamtfunktionsumfang einnimmt (Isermann, 2010).

Eine besondere Herausforderung im Rahmen der OBD ist die funktionelle Überwachung einiger Komponenten. Eine Auswertung ist teilweise im normalen Betrieb nicht möglich, sondern nur in selten auftretenden bestimmten Betriebszuständen. Dabei kann es sich auch um dynamische Betriebszustände handeln, die eine einfache Überwachung zusätzlich erschweren. Die Betriebszustände werden dabei teilweise aktiv durch Eingriffe in die Steuerungen und Regelungen des Fahrzeugs hergestellt. Nicht selten stören sich dadurch die verschiedenen Überwachungsfunktionen gegenseitig und müssen ggf. für die Laufzeit einer anderen Überwachungsfunktion inaktiv sein. In dem Zusammenhang kann das Einhalten der *In Use Performance Ratio* schwierig sein.

Einen großen Anteil an den Kosten eines Fahrzeugs, über die gesamte Lebensdauer gesehen, haben die Instandhaltungs- und Reparaturkosten. Eine Schätzung der europäischen Kommission geht von etwa 40 % der Gesamtkosten aus (You, Krage und Jalics, 2005). Bei Fahrzeugen ist es üblich, je nach Auswirkung des Fehlers erst eine Aktion einzuleiten, wenn der Fehler aufgetreten ist, wie zum Beispiel bei dem DWK. Alternativ wird auf Grundlage der durchschnittlichen Lebensdauer ein festes Intervall bestimmt, wie zum Beispiel einen Keilriemen-Wechsel alle fünf Jahren oder 60 000 Meilen (Schwabacher und Goebel, 2007). Bei abrupt auftretenden Fehlern gibt es keine andere Möglichkeit, aber eine größere Anzahl von Fehlern (driftende Fehler) im Fahrzeug wird durch eine driftende Zustandsänderung ausgelöst. Diese zeigen vor dem eigentlichen Fehler ein langsam driftendes Verhalten von mindestens einem Parameter oder einer Eigenschaft der Komponente. Dadurch kann die aktuelle Größe des Fehlers bzw. der Vorstufe des Fehlers (Zustand) einer Komponente bestimmt und von dem Zustand abhängige Entscheidungen getroffen werden. Eine zustandsbasierte Instandhaltung bietet hier ein erhebliches Potential zur Kostenreduktion und Erhöhung der Verfügbarkeit, aber auch eine zustandsbasierte Regelung kann viele Vorteile bieten.

Die OBD und die Regelung des Fahrzeugs werden in aller Regel auf einem Mikrocontroller realisiert, der im Vergleich zu einem Personal Computer eine um Größenordnungen geringere Leistung aufweist. Ein typisches Motorsteuergerät hatte 1995 noch einen Speicher von 0,25 MByte und einen Mikrocontroller mit 16-Bit-Architektur für die Umsetzung der Funktionen zur Verfügung. Zehn Jahre später hat der Mikrocontroller zwar einen Speicher von 1 – 6 MByte und eine 32-Bit-Architektur (Isermann, 2010), die limitierten Ressourcen sind aber bei der Entwicklung einer Zustandsüberwachung für ein Motorsteuergerät von großer Bedeutung.

In dieser Arbeit wird ein Konzept für die datenbasierte Zustandsüberwachung von Komponenten in Fahrzeugen vorgestellt, die online auf dem Motorsteuergerät durchgeführt wird und die Echtzeitanforderungen von heutigen Motorsteuergeräten erfüllt. Hierbei wird beachtet, dass die Zustandsüberwachung einiger Komponenten nur in bestimmten (oft dynamischen) Betriebszuständen möglich ist, wie bei dem gewählten Anwendungsbeispiel des DWKs. Durch die Bestimmung des Zustands werden Verfahren, wie die zustandsbasierte Regelung und Instandhaltung, möglich, die nicht Teil dieser Arbeit sind.

1.1 Stand der Technik

Wie bereits zuvor beschrieben, dient die OBD zur Überwachung aller emissionsrelevanten Komponenten während des Betriebs und wird üblicherweise auf einem Mikrocontroller ausgeführt. Dabei muss die Überwachung kontinuierlich an die gesetzlichen und technischen Anforderungen angepasst werden. Insbesondere die immer strenger werdenden Emissionsgesetze führen immer wieder zu einem Entwicklungsbedarf bei den Überwachungsfunktionen. Auch die Überwachung einiger nicht emissionsrelevanter Komponenten ist umgesetzt.

Den größten Anteil der Überwachung bilden die signalbasierten Verfahren. Diese lassen sich mit relativ wenig Aufwand entwickeln, da sie nur auf ein Signal oder den Trend des Signals aufsetzen (Weinhold, 2007). Im Fahrzeug werden häufig einfache Grenzwert- oder Plausibilitätsüberwachungen eingesetzt. Bei der Plausibilitätsüberwachung wird die Plausibilität zwischen zwei Messgrößen überprüft (Reif, 2009; Isermann, 2010). In selteneren Fällen sind auch modellbasierte Überwachungsfunktionen im Einsatz. Diese können deutlich leistungsfähiger als die signalbasierten Verfahren sein und eine weiterführende Fehlerdiagnose ermöglichen, die mit signalbasierten Verfahren oftmals nicht möglich ist. Allerdings handelt es sich hierbei meist um stark vereinfachte Modelle, die nur unter bestimmten Randbedingungen, wie zum Beispiel einem konstanten Luftmassenstrom, gültig sind. In den meisten Fällen bezieht sich die Überwachung nur auf die Auswertung von Fehlern und nicht schon auf die Vorstufe des Fehlers. Auf Grund der hohen Kosten wird eine hardwarebasierte Diagnose nur in besonders sicherheitsrelevanten Fällen eingesetzt. Hierbei werden einzelne Komponenten mehrfach ausgeführt, wie zum Beispiel bei der Messung des Fahrpedalwinkels (Reif, 2009).

Damit die Abgasnachbehandlung mit dem DWK optimal funktioniert, ist eine genaue Regelung des Luft-Kraftstoff-Gemischs nötig. In einem Fahrzeug mit Ottomotor ist ein stöchiometrisches Luft-Kraftstoff-Gemisch optimal für die Konvertierung des eingesetzten DWKs. Das stöchiometrische Luft-Kraftstoff-Gemisch ist das optimale Verhältnis von Luft zu Kraftstoff. Dabei wird während eines Verbrennungsvorgangs sowohl der komplette Kraftstoffanteil, als auch der komplette Sauerstoffanteil aufgebraucht und liegt bei einem Ottomotor bei ca. 14,7. Für die Regelung des Luft-Kraftstoff-Gemischs wird eine Kaskadenregelung aus einer Regelung für die Luftmasse m_L und der untergeordneten Lambdaregelung, die eine zu der Luftmasse passenden Kraftstoffmasse m_{KS} einspritzt. Es ist üblich, das Luft-Kraftstoff-Gemisch als Verhältnis zwischen dem aktuellen und stöchiometrischen Luft-Kraftstoff-Gemisch anzugeben, das durch

$$\lambda = \frac{\text{aktuelles Luft-Kraftstoff-Gemisch}}{\text{stöchiometrisches Luft-Kraftstoff-Gemisch}} = \frac{\frac{m_L}{m_{KS}}}{14,7} \qquad (1.2)$$

definiert wird. Damit ergibt sich für die optimale Konvertierung $\lambda = 1$, da dies dem stöchiometrischen Luft-Kraftstoff-Gemisch entspricht.

In Abbildung 1.1 ist beispielhaft die Struktur einer vereinfachten Lambdaregelung dargestellt. Die Regelung der Luftmasse geschieht durch den übergeordneten Regler unter anderem über die Drosselklappe und der Rückführung von Abgas. Die Lambdaregelung

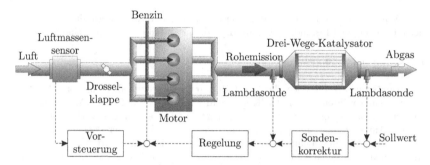

Abbildung 1.1: Vereinfachte Struktur der Lambdaregelung in Anlehnung an Riegel, Neumann und Wiedenmann (2002)

übernimmt die Feineinstellung des Luft-Kraftstoff-Gemischs durch die Kraftstoffmasse über die Einspritzzeiten der Injektoren. Durch die Vorsteuerung der Lambdaregelung wird die für das gewünschte Luft-Kraftstoff-Gemisch benötigte Kraftstoffmasse ermittelt. Die Rückführung des Signals der Lambdasonde vor dem DWK wird genutzt, um Störungen und Modellungenauigkeiten auszugleichen. Um eine noch höhere Genauigkeit zu erzielen, wird das Signal der Lambdasonde nach dem DWK zur Korrektur des Signals der ersten Lambdasonde verwendet. Die Lambdasonden bestimmen über den Sauerstoffgehalt des Abgases den aktuellen Wert des Luft-Kraftstoff-Gemischs λ. Da es unvermeidlich zu Abweichungen von dem gewünschten Luft-Kraftstoff-Gemisch kommt, ist der DWK mit einem Sauerstoffspeicher ausgestattet. Dieser kann überschüssigen Sauerstoff speichern und in Phasen mit zu wenig Sauerstoff wieder abgeben. Dadurch werden kurzzeitige Abweichungen ausgeglichen (Riegel, Neumann und Wiedenmann, 2002).

Die OBD eines DWKs beruht normalerweise auf einem der folgenden drei Prinzipien (Sideris, 1998), die alle eine unterschiedliche Sensorik erfordern.

Schadstoffkonzentration: Die Konzentration von einem der drei Schadstoffe (häufig HC) wird vor und nach dem DWK gemessen. Durch den Unterschied der Konzentration vor und nach dem DWK kann direkt die Konvertierung bestimmt werden.

Reaktionswärme: Durch einen Temperatursensor vor und nach dem DWK und ggf. noch zusätzlichen Sensoren in dem DWK wird die Reaktionswärme bestimmt. Da die Reaktionswärme von den Konvertierungseigenschaften abhängt, kann so auf den Zustand des DWKs geschlossen werden.

Sauerstoffspeicherfähigkeit: Zwei Lambdasonden bestimmen den Sauerstoffgehalt vor und nach dem DWK. Durch geeignete Anregungen wird bestimmt, wieviel Sauerstoff der DWK speichern kann. Daraus wird dann auf die Konvertierungseigenschaften geschlossen.

Wie in Abbildung 1.1 zu sehen war, werden die Lambdasonden schon für die Lambdaregelung gebraucht. Deswegen kommen in Serienfahrzeugen zur Diagnose des DWKs vor allem Verfahren auf Basis der Sauerstoffspeicherfähigkeit zum Einsatz, denn im Gegensatz zu den beiden anderen Messprinzipien, wird keine zusätzliche Sensorik benötigt.

Das übliche Vorgehen bei der Diagnose ist der Einsatz von mehreren Luft-Kraftstoff-Gemischwechseln unter ansonsten stationären Betriebsbedingungen (z.b. konstanter Luftmassenstrom) bei betriebswarmem DWK. Dem im normalen Betrieb gewünschten stöchiometrischen Luft-Kraftstoff-Gemisch vor dem DWK $\lambda_{vK} = 1$ wird hierfür extra für die Diagnose ein bekanntes Signal überlagert. Dieses führt zu mehreren Wechseln zwischen fettem $\lambda_{vK} < 1$ und magerem $\lambda_{vK} > 1$ Luft-Kraftstoff-Gemisch vor dem DWK (Riegel, Neumann und Wiedenmann, 2002). Das Luft-Kraftstoff-Gemisch nach dem DWK λ_{nK} wird direkt nach dem fett/mager bzw. mager/fett Wechsel durch den Sauerstoffspeicher auf dem stöchiometrischen Luft-Kraftstoff-Gemisch $\lambda_{nK} = 1$ gehalten. Erst wenn der Sauerstoffspeicher annähernd leer bzw. voll ist, wechselt auch das Luft-Kraftstoff-Gemisch nach dem DWK zu fett $\lambda_{nK} < 1$ bzw. mager $\lambda_{nK} > 1$. Die Dauer Δt zwischen dem Wechsel des Luft-Kraftstoff-Gemischs vor und nach dem DWK hängt von der Größe des Sauerstoffspeichers ab.

Zur Verdeutlichung sind in Abbildung 1.2 die vereinfachten Verläufe des Luft-Kraftstoff-Gemischs nach dem DWK für einen neuen und einen gealterten DWK bei rechteckförmigen Luft-Kraftstoff-Gemischwechseln vor dem DWK dargestellt. Es ist gut sichtbar,

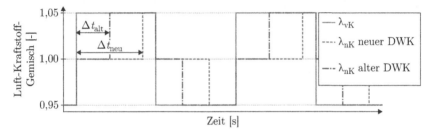

Abbildung 1.2: Vereinfachter Verlauf der Beispieldiagnose

dass der neue DWK länger in der Lage ist, das Luft-Kraftstoff-Gemisch auszugleichen. Somit ergibt sich eine unterschiedliche Dauer Δt_{neu} für den neuen und Δt_{alt} für den gealterten DWK. Die Dauer beim fett/mager und mager/fett Luft-Kraftstoff-Gemischwechsel für eine Altersstufe des DWKs ist normalerweise unterschiedlich lang.

Bei signalbasierten Ansätzen wird zum Beispiel die Dauer zwischen dem Luft-Kraftstoff-Gemischwechsel vor und nach dem DWK mit einem Grenzwert verglichen. Da die Randbedingungen für eine signalbasierte Diagnose oftmals nicht konstant genug sind, werden auch sehr einfache modellbasierte Diagnosen verwendet. Ein Beispiel für ein Modell zur Bestimmung der Sauerstoffspeicherfähigkeit ist in Sideris (1998) für den Wechsel von fettem zu magerem Luft-Kraftstoff-Gemisch durch

$$m_{O_2} = \int_{t_0}^{t_1} 0{,}23 \left(\lambda_{vK}(t) - 1 \right) \dot{m}_L(t) \; dt \tag{1.3}$$

gegeben, wobei $\dot{m}_L$ für den Luftmassenstrom durch den DWK und m_{O_2} für die gespeicherte Sauerstoffmasse im DWK stehen. Die Zeiten t_0 und t_1 stehen für den Wechsel des Luft-Kraftstoff-Gemischs vor und nach dem DWK. Da der Wert der gespeicherten Sauerstoffmasse m_{O_2} mit der Temperatur und anderen Größen variiert, werden bei verschiedenen Randbedingungen unterschiedliche Grenzwerte zur Überprüfung der Funktionsfähigkeit verwendet.

Eine Bestimmung des Zustands wäre mit der zuvor beschriebenen Methode theoretisch möglich, doch wird oftmals darauf verzichtet und beim Erreichen der mindestens geforderten Sauerstoffmasse gestoppt. Hintergrund sind negative Auswirkungen auf den Verbrauch und den Ausstoß von zusätzlichen Emissionen während der im Fahrzeug üblichen Diagnose.

Die noch häufig eingesetzten signalbasierten Verfahren geraten schon heute an ihre Grenzen und sind kaum noch in der Lage, die Anforderungen zu erfüllen (Crossman u. a., 2003; Weinhold, 2007). Die modellbasierten Verfahren sind da leistungsfähiger, doch die Entwicklung des benötigten Modells ist oftmals mit großen Kosten verbunden. Häufig kann deshalb nur ein deutlich vereinfachtes Modell im Motorsteuergerät wirtschaftlich umgesetzt werden, wodurch die Performanz deutlich reduziert wird (Weinhold, 2007; Mohammadpour, Franchek und Grigoriadis, 2012). Datenbasierte Verfahren stellen oftmals einen guten Kompromiss zwischen Performanz und Kosten dar.

1.2 Stand der Forschung

Im Bereich der datenbasierten Fehlerdiagnose wird in der Forschung an Verfahren und Methoden gearbeitet, die das in den Prozessdaten vorhandene Prozesswissen in einen Diagnosealgorithmus oder -system transformieren. Der Diagnosealgorithmus bzw. das Diagnosesystem wird dann verwendet, um ein Diagnoseergebnis zu erzielen. Dabei wird zwischen zwei Phasen des Diagnosesystems unterschieden. Die erste Phase ist das Training, bei dem die historischen Prozessdaten für den Entwurf des Fehlerdiagnosesystems verwendet werden. Die zweite Phase ist der Einsatz während des Betriebs, bei der die Messdaten des Prozesses in die Diagnose eingearbeitet werden oder die Diagnose verwendet wird, um einen Fehler zu detektieren, zu lokalisieren und zu identifizieren (Ding, 2014a).

Für die datenbasierte Fehlerdiagnose wird in der Literatur eine Vielzahl an Ansätzen vorgestellt. Die Übersichtsbeiträge von Venkatasubramanian u. a. (2003), Bishop (2006), Qin (2012), Aldrich und Auret (2013), Ge, Song und Gao (2013) und Ding (2014a) geben eine gute Zusammenfassung. Im Zusammenhang mit einer datenbasierten Fehlerdiagnose werden die Eingangsdaten auch als Merkmale bezeichnet, die gemessene Größen (z.B. Abgastemperatur, Luft-Kraftstoff-Gemisch), abgeleitete Größen (z.B. Mittelwert einer gemessenen Größe) oder subjektive Bewertungen (z.B. Geruchseindruck) sein können (Kroll, 2013). Im Folgenden soll ein Überblick über die bestehenden Verfahren gegeben werden, die grob in zwei Gruppen unterteilt werden können.

Multivariate Statistik: Hoch korrelierte Merkmale werden auf eine kleinere Menge von statistisch unabhängigen Merkmalen gebracht. Bei normalverteilten Daten zum Beispiel durch die in MacGregor und Kourti (1995), Chiang, Braatz und Russell (2001), Qin (2003), Ding u. a. (2010) und Yin u. a. (2012) verwendeten *Principle Component Analysis*, *Partial Least Squares* und *Fisher Discirminant Analysis*. Bei nicht normalverteilten Daten zum Beispiel durch die in Lee, Yoo und Lee (2004) verwendete *Independent Component Analysis*. Übersichtsbeiträge zu den Methoden finden sich in Ding u. a. (2011a), Yin u. a. (2012) und Yin u. a. (2014).

Maschinelles Lernen: Aus den Merkmalen werden Gesetzmäßigkeiten des Prozesses identifiziert und verallgemeinert. Zum Beispiel durch die *Support Vector Machine* (SVM) und *Relevance Vector Machine*, wie in Widodo und Yang (2007), Kulkarni,

Jayaraman und Kulkarni (2005), Fuqing (2011) und Kim u. a. (2012) oder durch ein künstliches neuronales Netz, wie in Köppen-Seliger (1997) und Kroll (2013).

Die multivariate Statistik und das maschinelle Lernen werden aber auch kombiniert, sodass durch die Verfahren der multivariaten Statistik eine Reduktion des Merkmalsraums erzielt wird und die Verfahren des maschinellen Lernens die Auswertung des reduzierten Merkmalsraums übernehmen. Beispiele sind in Cao u. a. (2003) und Widodo, Yang und Han (2007) gegeben.

Die Wirksamkeit der Verfahren bei dynamischen, nichtlinearen Prozessen, die unter verschiedenen Betriebsbedingungen arbeiten, ist aber sehr begrenzt. Bei nichtlinearen Systemen ändern sich die Eigenschaften der Merkmale für die Fehlerdiagnose bei einem Betriebszustandswechsel und das Datenmodell ist nicht mehr gültig. Zur Lösung von einem oder mehreren der zuvor beschriebenen Probleme, werden unter anderem die folgenden Erweiterungen der zuvor beschriebenen Ansätze sowie eigenständige Ansätze vorgeschlagen.

Dynamische Erweiterung: Erweiterung der Verfahren mit Daten aus vergangenen Abtastschritten, wie in Ding u. a. (2011a) und Yin u. a. (2014).

Adaptive und Iterative Erweiterung: Das Datenmodell wird durch Prozessdaten online an den aktuellen Betriebszustand angepasst. Beispiele hierfür sind in Ding u. a. (2009), Elshenawy u. a. (2010) und Naik u. a. (2010) gegeben.

Multimode Erweiterung: Betriebszustand abhängige Datenmodelle, wie in Yu und Qin (2008) und Haghani Abandan Sari (2014).

Multistage Erweiterung: Aufteilen eines Batch Prozesses in mehrere Phasen, wie in Nomikos und MacGregor (1994), Yao und Gao (2009) und Ge, Gao und Song (2011).

Nichtlineare Erweiterung: Erweiterung der Verfahren auf nichtlineare Probleme, wie zum Beispiel mit dem in dieser Arbeit verwendeten *Kernel*-Trick. Ein Beispiel mit einer SVM ist in Shin, Eom und Kim (2005) und ein Beispiel mit der *Kernel Principle Component Analysis* in Alcala und Qin (2010) gegeben.

Modell aus Prozessdaten: Modellbasierte Fehlerdiagnosen auf Basis von Prozessdaten werden in Qin (2006), Ding (2014a), Ding (2014b) und Ding u. a. (2014) vorgeschlagen. Die *Subspace Identification Method* ist beispielsweise ein solches Verfahren.

Die Veröffentlichungen im Bereich der datenbasierten Zustandsüberwachung, welche eine Erweiterung der Fehlerdiagnose auf die Vorstufe des Fehlers ist, verbinden diese oftmals mit einer Fehlerprognose. Eine Zusammenfassung über die verschiedenen Verfahren geben Schwabacher (2005), Jardine, Lin und Banjevic (2006), Schwabacher und Goebel (2007) und Si u. a. (2011) in ihren Übersichtsbeiträgen. Die verschiedenen Verfahren können anhand der Vorgehensweise für die Zustandsbestimmung und Fehlerdiagnose in die folgenden drei Gruppen unterteilt werden.

Zustandsbestimmung mit Fehlerdiagnose: Es wird im ersten Schritt der aktuelle Zustand bestimmt und im zweiten Schritt die Fehlerdiagnose durchgeführt. Zum Beispiel wird der Zustand durch ein Regressionsverfahren berechnet und die Fehlerdetektion durch einen Vergleich des aktuellen Zustands mit einem Grenzwert erzielt (Heng u. a., 2009).

Fehlerdiagnose mit Zustandsbestimmung: Es wird im ersten Schritt eine Fehlerdiagnose durchgeführt, im zweiten Schritt wird sie erweitert, um den Zustand zu
bestimmen. In Kim u. a. (2012) werden zum Beispiel bei einer SVM zusätzliche
Klassen für unterschiedlich große Vorstufen des Fehlers eingefügt.

Getrennte Zustandsbestimmung und Fehlerdiagnose: Die Fehlerdiagnose und die
Zustandsbestimmung werden getrennt voneinander durchgeführt. In Sotiris und
Pecht (2007) wird zum Beispiel der Zustand durch eine *Support Vector Regressi-
on* und die Fehlerdiagnose durch ein SVM bestimmt.

Welche der Vorgehensweisen bevorzugt wird, hängt von verschiedenen Faktoren ab. Hierzu
zählen die benötigten Genauigkeiten für die Zustandsbestimmung und die Fehlerdiagnose,
sowie die verfügbaren Ressourcen. Neben der Vorgehensweise, hat unter anderem aber
auch die Wahl der datenbasierten Verfahren Einfluss auf die Kriterien.

Besonders häufig thematisieren die Veröffentlichungen die Überwachung von Anwendungen aus der Prozessindustrie (Ding u. a., 2012; Hao, 2014). Hier sind physikalische
Modelle des Prozesses auf Grund der Systemkomplexität wirtschaftlich nicht sinnvoll und
eine große Menge an Prozessdaten kann jedoch einfach beschafft werden. Im Zusammenhang mit der OBD in einem Fahrzeug, kommen häufiger die Verfahren des maschinellen
Lernens zum Einsatz. Beispiele für datenbasierte Fehlerdiagnosen im Fahrzeug finden
sich in Anguita u. a. (2007), Gühmann und Kuhn (2009), Dejun u. a. (2011) und Mohammadpour, Franchek und Grigoriadis (2012). Es sollte allerdings erwähnt werden, dass
modellbasierte Diagnosen in diesem Anwendungsbereich eine deutlich höhere Aufmerk-
samkeit genießen. Beispiele hierfür finden sich in Weinhold (2007) und Ding u. a. (2011b).

Im Hinblick auf die DWK-Diagnose, behandelt die Literatur vor allem modellbasierte
Ansätze (Brandt und Grizzle, 2001; Fiengo, Glielmo und Santini, 2001; Feßler, 2011).
In Kumar, Makki und Filev (2014) wird vorgeschlagen, eine SVM zu nutzen um die
Auswertung der modellbasierten Diagnose zu übernehmen.

1.3 Motivation und Zielsetzung

Die vorangehenden Abschnitte haben gezeigt, dass eine datenbasierte Zustandsüberwachung und Fehlerdiagnose von Fahrzeugen bisher wenig thematisiert wird. Dabei sind sie
leistungsfähiger als die oft noch eingesetzten signalbasierten Verfahren und oftmals mit
weniger Kosten verbunden als modellbasierte Verfahren. Sie bilden also häufig einen guten Kompromiss zwischen Performanz und Kosten. Da viele Überwachungen im Fahrzeug
signalbasiert sind, wird oftmals nur eine reine Fehlerdetektion durchgeführt und keine Bestimmung des Zustands. Dabei ermöglicht dieser den Einsatz von einer zustandsbasierten
Instandhaltung und (fehlertoleranten) Regelung und hat damit großes Potenzial Kosten
zu reduzieren.

Problematisch für die Realisierung in der Praxis sind die geringe Anzahl der Sensoren,
die limitierten Ressourcen des Motorsteuergeräts und die relativ hohen Kosten bei der
Erzeugung von Trainingsdaten. Die Sensorik führt dazu, dass die Informationen über den
Prozess eingeschränkt sind und der Zustand einer Komponente im Normalfall nicht einfach aus einer Prozessgröße bestimmt werden kann. Die limitierten Ressourcen verhindern
den Einsatz von leistungsfähigen modellbasierten Verfahren, wie sie zum Beispiel in Ding
(2013) vorgeschlagen werden, aber auch komplexere und rechenintensivere datenbasierte

Verfahren können nicht realisiert werden. Die Bestimmung des Zustands wird häufig durch zusätzlich benötigte Ressourcen erschwert. Die Kosten für die Erzeugung von Trainingsdaten werden durch Fahrten mit dem Fahrzeug oder durch Prüfstandmessungen erzeugt, wobei die Prüfstandmessungen normalerweise teurer sind. Ein datenbasiertes Verfahren für den Einsatz im Fahrzeug muss, verglichen mit einigen anderen Anwendungsbereichen, mit wenigen Trainingsdaten funktionieren. Dabei werden für die Zustandsbestimmung häufig mehr Trainingsdaten benötigt als für eine reine Fehlerdetektion. Die Verbindung aller drei Gründe resultiert oftmals in einer Überwachung von bestimmten (häufig dynamischen) Betriebszuständen. Wie im letzten Abschnitt beschrieben, ist eine datenbasierte Überwachung von dynamischen Betriebszuständen nicht ohne weiteres möglich und die vom Gesetzgeber geforderte *In Use Performance Ratio* lässt sich nicht für alle Betriebszustände garantieren.

Ein weiterer Faktor ist die Akzeptanz der Verfahren unter den Anwendern. Anders als die modellbasierten Verfahren, lassen sich die datenbasierten Verfahren nicht immer auf physikalische Prozessgrößen zurückführen. Dadurch wird die Interpretierbarkeit der Ergebnisse erschwert, was oftmals zu einer geringeren Akzeptanz bei den Anwendern führt.

Als Anwendungsbeispiel wird in dieser Arbeit der DWK verwendet. Die Lambdasonde nach dem DWK ist der einzige Sensor nach dem DWK, der Information über den Zustand enthält. Wie der Stand der Technik gezeigt hat, ist die Realisierung eines kompletten Modells des DWKs nicht üblich, weil die benötigten Ressourcen aus wirtschaftlicher Sicht nicht bereitgestellt werden können. Das sehr einfache Modell sorgt dafür, dass eine Zustandsüberwachung im normalen Betrieb mit einem stöchiometrischen Luft-Kraftstoff-Gemisch nicht möglich ist, sodass die Auswertung einer bestimmten Situation nötig ist. Diese wird im Falle des DWKs extra durch einen Eingriff in die Lambdaregelung hergestellt. Damit einhergehend sind beispielsweise ein zusätzlicher Verbrauch, die negative Beeinflussung anderer Zustandsüberwachungsfunktionen und bei einer kompletten Zustandsbestimmung statt einer Fehlerdiagnose noch zusätzliche Emissionen. Dadurch ergibt sich eine geringe Diagnosehäufigkeit, da die Fehlerdiagnose zur Reduktion der negativen Einflüsse nur so oft wie nötig durchgeführt wird. Außerdem werden für die Überwachung Randbedingungen gefordert, die vergleichsweise selten im normalen Betrieb auftreten, wie ein annähernd konstanter Luftmassenstrom über die gesamte Laufzeit der Überwachung.

Das Potential einer datenbasierten Zustandsbestimmung liegt in regelmäßig im normalen Betrieb auftretenden dynamischen Betriebszuständen, die entweder aktiv für die Zustandsüberwachung erzeugt werden oder aus anderen Gründen auftreten, wie zum Beispiel der Schubbetrieb für eine Kraftstoffersparnis. Grundsätzlich können datenbasierte Verfahren im hochdimensionalen Merkmalsraum arbeiten, wodurch weniger strenge Randbedingungen für eine höhere Diagnosehäufigkeit sorgen können.

In dieser Arbeit soll gezeigt werden, dass dynamische Betriebszustände bei einem Wechsel von einem stationären Betriebszustand in einen anderen als Ganzes betrachtet mit relativ einfachen Merkmalen ein unverwechselbares Muster erzeugen können. Zum Einsatz kommt ein hybrider Automat, der mit dem kontinuierlichen Teil die Merkmale rekursiv berechnet und durch den ereignisdiskreten Teil Anfang und Ende der besonderen Betriebssituation detektiert. Vor allem bei Funktionen der OBD muss die Genauigkeit der Fehlerdetektion sehr hoch sein, wohingegen die Genauigkeitsanforderungen an die Zustandsbestimmung etwas geringer sind. Um gleichzeitig die geringen Ressourcen des Motorsteuergeräts zu beachten, wird in dieser Arbeit eine Zustandsüberwachung mit der

Vorgehensweise der Fehlerdiagnose mit Zustandsbestimmung gewählt. Mit Hinblick auf die geringe Menge an Trainingsdaten, wird mit der SVM-Klassifizierung ein Verfahren des maschinellen Lernens für die Auswertung vorgeschlagen. Dieses wird für langsam driftende Fehler in dieser Arbeit so modifiziert, dass im Training entweder nur die fehlerhafte und die neue Komponente benötigt wird, oder sogar nur die fehlerhafte. Es wird vorgeschlagen, für driftende Zustandsänderungen den Zustand (Größe der Vorstufe/des Fehlers) aus der SVM für die Fehlerdetektion in Form der Distanz zur Trennfläche der SVM zu gewinnen. Hierdurch werden kaum zusätzliche Ressourcen für den Zustand nötig und es kann eine ausreichende Genauigkeit erzielt werden. Die Zustandsüberwachung erfüllt dabei die Anforderungen heutiger Motorsteuergeräte.

1.4 Gliederung der Arbeit

Die vorliegende Arbeit ist, wie in Abbildung 1.3 dargestellt, in neun Kapitel gegliedert. Im Anschluss an die Einleitung werden im Kapitel 2 die Grundlagen von driftenden Zustandsänderungen, der datenbasierten Zustandsüberwachung sowie die sich daraus ergebenden Anforderungen an eine Zustandsüberwachung erläutert. Die Anforderungen an die Zustandsüberwachung in einem Motorsteuergerät und für das Anwendungsbeispiel DWK werden im letzten Abschnitt aus den allgemeinen Anforderungen an die Zustandsüberwachung abgeleitet.

Kapitel 3 beinhaltet eine Einführung in das Anwendungsbeispiel des DWKs. Es wird ein Überblick über den Aufbau, die Funktionsweise und die Alterung (driftende Zustandsänderung) des DWKs und der Sensorik gegeben. Des Weiteren werden die Modellierung des DWKs und der zwei Lambdasonden hergeleitet. Eine qualitative Bewertung des Modells wird anhand des Schubbetriebs und des anschließenden Katalysator-Ausräumens durchgeführt. Zusätzlich wird das Modell mit der Messung eines DWKs am Ende seiner Lebensdauer verglichen. Das hergeleitete Modell wird dann in den Kapiteln 4, 5, 6 und 7 als Basis für die gezeigten Simulationsstudien des jeweiligen Verfahrens verwendet. Hierfür wird das so genannte Katalysator-Ausräumen nach einem Schubbetrieb betrachtet.

In Kapitel 4 wird ein Verfahren zur Generierung von Merkmalen zu ereignisdiskreten Zeitpunkten vorgestellt. Es basiert auf der Annahme, dass bestimmte Betriebszustände in einer für die Überwachung geeigneten Häufigkeit auftreten. Dabei spielt es keine Rolle, ob diese extra erzeugt werden oder nicht. Dafür werden zunächst die Grundlagen eines hybriden Systems in Form eines hybriden Automaten präsentiert, der sich aus einem ereignisdiskreten Automaten und zeitdiskreten Gleichungen zusammensetzt. Im Anschluss wird die Generierung der Merkmale vorgestellt. Dabei werden der Automat zur Darstellung der einzelnen Betriebszustände und die zeitdiskreten Gleichungen zur Berechnung der Merkmale verwendet. Insbesondere bei dynamischen Übergängen zwischen zwei stationären Betriebszuständen ermöglicht diese Merkmalsgenerierung eine ressourcenschonende Überwachung. Deswegen kann das Verfahren eine bestehende Zustandsüberwachung für stationäre Betriebszustände mit einer Zustandsüberwachung der dynamischen Übergänge erweitern. Durch die Simulationsstudie als Merkmalsgenerierung für eine Zustandsüberwachung anhand des auf einen Schubbetrieb folgenden Katalysator-Ausräumens wird das Verfahren anschaulich dargestellt.

Die Detektion von langsam driftenden Fehlern auf Basis einer nichtlinearen Zwei-Klassen-*Support Vector Machine* (2K-SVM) wird in Kapitel 5 thematisiert. Die Nicht-

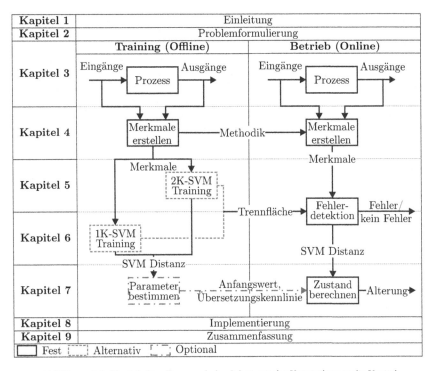

| Kapitel 1 | Einleitung |
| Kapitel 2 | Problemformulierung |

Abbildung 1.3: Vereinfachtes Framework der Arbeit mit der Unterteilung in die Kapitel

linearität wird durch den *Kernel*-Trick erzielt, der eine implizite Transformation in einen höherdimensionalen Raum durchführt. Motiviert wird die Lösung zum einen durch die gute Generalisierung der SVM und zum anderen durch den Umgang mit unterschiedlich verteilten Merkmalen. Für den Einsatz als Fehlerdetektion bei driftenden Zustandsänderungen wird das Optimierungsproblem der 2K-SVM modifiziert und dadurch eine Reduzierung der Fehlalarme für ein System mit großer Vorstufe des Fehlers im Betrieb erzielt. Dadurch kann oftmals das neue, anstatt einem System mit großer Vorstufe des Fehlers, für die Messungen des akzeptablen Systems herangezogen werden. Abschließend wird das Konzept an der Simulation des DWKs mit den im letzten Kapitel erzeugten Merkmalen anhand des Katalysator-Ausräumens untersucht.

In Kapitel 6 wird ein alternatives Konzept zu dem in Kapitel 5 vorgestellten Konzept eingeführt. Die Auswertung der Merkmale erfolgt auf der Basis einer Ein-Klassen-*Support Vector Machine* (1K-SVM), anstatt auf der Basis einer 2K-SVM. Es wird eine Vorverarbeitung der Merkmale vorgeschlagen, die eine Verwendung der unveränderten 1K-SVM ermöglicht. Motiviert wird diese Lösung durch die hohen Kosten, die bei der Kalibrierung einer Fehlerdiagnose für Fahrzeuge anfallen. Im Vergleich zu dem im letzten Kapitel vorgestellten Konzept werden für die Kalibrierung der Fehlerdiagnose nur Messungen des inakzeptablen Systems benötigt und dadurch die Anzahl an Messfahrten bzw. Prüfstandmessungen reduziert. Beendet wird das Kapitel mit der Untersuchung des Katalysator-Ausräumens und dem Vergleich mit den Ergebnissen des vorangegangenen Kapitels an einer Simulation.

Das Kapitel 7 beschreibt die Extraktion des Zustands einer Komponente aus einer SVM für die Fehlerdetektion. Hierfür wird eine Interpretation der SVM-Distanz vorgestellt und daraus eine Zustandsinformation entwickelt. Die SVM-Distanz ist ein Zwischenergebnis, das bereits zur Fehlerdetektion mit einer SVM benötigt wird. Dadurch kann eine einheitliche Zustandsbestimmung für die 2K-SVM und 1K-SVM erreicht werden, die nur mit einem geringen Bedarf an zusätzlichen Ressourcen verbunden ist. Untersucht wird das Verfahren an einer Simulation anhand der Zustandsbestimmung des DWKs beim Katalysator-Ausräumen. Im Rahmen der Untersuchung werden die alternativen Konzepte der letzten beiden Kapitel als Basis für die Zustandsbestimmung verglichen.

Die experimentelle Untersuchung der in den Kapiteln 4, 5, 6 und 7 vorgestellten Verfahren wird im Kapitel 8 anhand von der DWK-Zustandsüberwachung beim Katalysator-Ausräumen behandelt. Hierfür werden Messungen aus drei unterschiedlichen Fahrzeugen, welche für die klassische OBD erstellt wurden, mit der unter MATLAB® und SIMULINK® umgesetzten Implementierung der Verfahren untersucht.

Abgeschlossen wird die Arbeit in Kapitel 9 mit einer Zusammenfassung der Ergebnisse und einem Ausblick auf zukünftige Themen im Bereich der Zustandsbestimmung im Fahrzeug und mögliche Erweiterungen der in dieser Arbeit vorgeschlagenen Zustandsüberwachung.

2 Problemformulierung

Wie in der Motivation und Zielsetzung erläutert, wird die datenbasierte Zustandsüberwachung für den Einsatz im Motorsteuergerät thematisiert. Bei den hier betrachteten Fehlern handelt es sich um langsames Driften von Parametern und Eigenschaften einer Komponente, wie es häufig bei der Alterung von Komponenten durch Stress der Fall ist. Es wird dabei beachtet, dass für die Zustandsüberwachung einiger Fehler die Auswertung von bestimmten, oft auch dynamischen Betriebszuständen nötig ist. Im Anwendungsbeispiel des DWKs wird die Alterung hauptsächlich durch thermalen Stress ausgelöst. Der Zustand des DWKs kann über die Sauerstoffspeicherfähigkeit bestimmt werden, doch im normalen Betrieb wird der Sauerstoffspeicher kaum angeregt. Dadurch ist die Zustandsüberwachung nur in besonderen Betriebszuständen möglich, in denen der Sauerstoffspeicher stark angeregt wird.

2.1 Driftende Zustandsänderung

Bei abrupten Fehlern ändern sich alle Parameter und Eigenschaft der Komponente vor Auftreten des Fehlers nicht und entsprechen somit den Werten der Komponente am Anfang der Lebensdauer (neue Komponente). Irgendwann tritt eine inakzeptable Abweichung von mindestens einem Parameter oder einer Eigenschaft der Komponente plötzlich auf. Im Gegensatz dazu, kann bei driftenden Fehlern ein langsames Anwachsen der Abweichung (Zustandsänderung) beobachtet werden. In aller Regel gefährdet dabei die Abweichung am Anfang noch nicht die Funktionalität der Komponente und ist erst ab einer bestimmten Größe als Fehler zu bewerten. Die akzeptable Abweichung wird oftmals auch als Vorstufe des Fehlers bezeichnet. Daraus abgeleitet können der Fehler, die Vorstufe des Fehlers und die Zustandsänderung, welche den Fehler und dessen Vorstufe zusammenfasst, wie folgt definiert werden.

Definition 2.1 (Vorstufe des Fehlers). Eine Vorstufe eines Fehlers ist gegeben, wenn mindestens ein Parameter oder eine Eigenschaft des Systems oder der Komponente eine zulässige/akzeptable Abweichung von dem Zustand des neuen Systems bzw. der neuen Komponente aufweist.

Definition 2.2 (Fehler (Isermann, 2006)). Ein Fehler ist gegeben, wenn mindestens ein Parameter oder eine Eigenschaft des Systems oder der Komponente eine unzulässige/inakzeptable Abweichung von dem Zustand des neuen Systems bzw. der neuen Komponente aufweist.

Definition 2.3 (Zustandsänderung). Eine Zustandsänderung ist gegeben, wenn mindestens ein Parameter oder eine Eigenschaft des Systems oder der Komponente eine zulässige/akzeptable oder unzulässige/inakzeptable Abweichung von dem Zustand des neuen Systems bzw. der neuen Komponente aufweist.

Ausgehend von den Definitionen der Zustandsänderung und des Fehlers kann die driftende Zustandsänderung und der driftende Fehler wie folgt definiert werden.

Definition 2.4 (Driftende Zustandsänderung). Die Abweichung/Zustandsänderung der Parameter oder Eigenschaften des Systems oder der Komponente fängt klein an und wird immer größer (driftet).

Definition 2.5 (Driftender Fehler). Ein driftender Fehler ist gegeben, wenn die driftende Zustandsänderung soweit fortgeschritten ist, dass die Abweichung von mindestens einem Parameter oder einer Eigenschaft des Systems oder der Komponente eine unzulässige/inakzeptable Abweichung von dem Zustand des neuen Systems bzw. der neuen Komponente aufweist.

In einem Fahrzeug und auch in anderen Anwendungsgebieten wird eine driftende Zustandsänderung häufig durch Stress (z.B. thermaler Stress) ausgelöst, dem die Komponente in ihrem Betrieb ausgesetzt ist. Dabei wird die driftende Zustandsänderung oftmals als Alterung bezeichnet.

Zur Veranschaulichung der Begrifflichkeiten und Diskussion einiger Aspekte bei driftenden Zustandsänderungen ist in Abbildung 2.1 beispielhaft der Verlauf der Zustandsänderung von drei Komponenten des gleichen Typs dargestellt. Eine neue Komponente startet im Ursprung, da noch keine Zustandsänderung stattgefunden hat und der Zustand der Komponente noch dem neuen Zustand entspricht. Entweder sofort oder nach einiger Zeit beginnt mindestens ein Parameter oder eine Eigenschaften der Komponente zu driften und somit wächst die Zustandsänderung. Solange die Zustandsänderung unterhalb eines

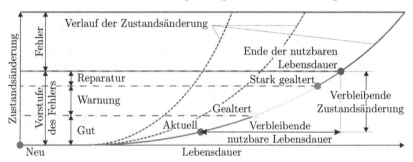

Abbildung 2.1: Vereinfachter Verlauf der Zustandsänderung durch eine driftende Zustandsänderung für drei Komponenten des gleichen Typs

Grenzwertes liegt, weist die Komponente ein akzeptables Verhalten auf. In diesem Fall liegt die Vorstufe des Fehlers vor. Erreicht oder überschreitet die Zustandsänderung den Grenzwert, liegt ein Fehler vor. Das Verhalten der Komponente ist jetzt inakzeptabel. Mit dem Ende der nutzbaren Lebensdauer (EDL) wird oftmals der Punkt bezeichnet, an dem erstmalig ein inakzeptables Verhalten der Komponente vorliegt. Daraus abgeleitet kann die EDL-Komponente wie folgt definiert werden.

Definition 2.6 (EDL-Komponente). Eine EDL-Komponente bzw. ein EDL-System ist die Komponente/das System am Ende der nutzbaren Lebensdauer. Es ist somit die Komponente/das System mit der kleinsten als Fehler einzustufenden Zustandsänderung.

Die Vorstufe des Fehlers lässt sich grob in drei Bereiche unterteilen. Im ersten Teilbereich ist die Performanz gut und die Funktionalität der Komponente ist kaum beeinflusst.

Deshalb sind auch keine Eingriffe nötig. Im zweiten Bereich führt die Zustandsänderung schon zu einer merklichen Verschlechterung der Performanz und eine Warnung wird generiert, da bald eine Reparatur oder Ähnliches ansteht. Der Blick auf die optimale Nutzung einer Komponente und damit auf eine zustandsbasierte Instandhaltung führt dazu, dass der letzte Bereich Reparatur genannt wird. Innerhalb dieses Bereiches sollte die Reparatur oder der Austausch der Komponente ausgeführt werden.

Anhand der in der Abbildung 2.1 dargestellten drei Komponenten des gleichen Typs wird offensichtlich, dass der Verlauf der Zustandsänderung für jede Komponente des gleichen Typs unterschiedlich sein kann. Es ist somit nicht ausreichend, den Verlauf für eine Komponente des Typs aufzuzeichnen und für die anderen zu hinterlegen, sondern eine online Bestimmung wird benötigt. Gründe hierfür sind Unterschiede in der Nutzung der Komponente und damit auch in dem Stress, dem die Komponente ausgesetzt ist. Aber auch bei gleichem Stress führen Fertigungstoleranzen usw. zu Variationen im Verlauf.

2.2 Aufbau einer datenbasierten Zustandsüberwachung

Die datenbasierten Verfahren beruhen auf der Annahme, dass Prozesswissen in Form von einer größeren Menge an Prozessdaten vorhanden ist. Im Allgemeinen werden datenbasierte Systeme in zwei Phasen unterteilt. Die erste Phase ist die so genannte Trainingsphase, in der die gesammelten Prozessdaten durch geeignete Methoden in eine Zustandsüberwachung transformiert werden. Die zweite Phase ist der Betrieb, in dem die aktuell gemessenen Prozessgrößen und die im Training erstellte Zustandsüberwachung genutzt werden, um die aktuelle Zustandsänderung der Komponente zu bestimmen. Ein Beispiel für die typische Struktur einer datenbasierten Zustandsüberwachung ist in Abbildung 2.2 dargestellt. Dabei bestehen beide Phasen aus einer Merkmalsgenerierung und einer Merkmalsauswertung.

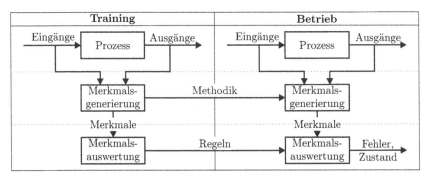

Abbildung 2.2: Typische Struktur einer datenbasierten Zustandsüberwachung

Die Merkmalsgenerierung erstellt aus den verfügbaren Prozessdaten geeignete Merkmale, die eine möglichst große Korrelation zu der Zustandsänderung der Komponente und eine geringe Korrelation mit möglichen Störungen haben. Merkmale und Muster sind hierbei wie folgt definiert.

Definition 2.7 (Merkmale (Kroll, 2013)). Merkmale sind Größen, die relevante Information für das zu lösende Problem enthalten.

Definition 2.8 (Muster (Kroll, 2013)). Muster sind Ausprägungen in Merkmalen, die für das zu lösende Problem typisch (bedeutungsvoll) sind.

Eine Merkmalsgenerierung kann daraus bestehen, dass geeignete verfügbare Prozessgrößen für die Merkmalsauswertung ausgewählt werden. Diese Form der Merkmalsgenerierung wird auch Merkmalsauswahl genannt. Die zweite Möglichkeit ist die Merkmalsextraktion. Hierbei werden durch eine Vorverarbeitung aus den verfügbaren Prozessgrößen Merkmale erzeugt, zum Beispiel durch eine Transformation in den Frequenzbereich. Für den Einsatz in realen Komponenten ist oftmals eine Kombination von beiden Möglichkeiten die beste Wahl (Gühmann, 1995). Der Merkmalsvektor $\mathbf{m}$ eines diskreten Systems kann allgemein durch

$$\mathbf{m}\left(k_{\mathrm{k}}\right) = \mathbf{g}_{\mathrm{m}}\left(\mathbf{u}_{\mathrm{k}}\left(k_{\mathrm{k}}\right), \ldots, \mathbf{u}_{\mathrm{k}}\left(k_{\mathrm{k}} - n\right), \mathbf{y}_{\mathrm{k}}\left(k_{\mathrm{k}}\right), \ldots, \mathbf{y}_{\mathrm{k}}\left(k_{\mathrm{k}} - n\right)\right) \qquad (2.1)$$

beschrieben werden, wobei $\mathbf{u}_{\mathrm{k}}$ und $\mathbf{y}_{\mathrm{k}}$ die Ein- und Ausgangswerte des diskreten Systems sind. Durch $\mathbf{g}_{\mathrm{m}}$, k_{k} und $n \in \mathbb{N}$ werden eine beliebige nichtlineare Funktion zur Erzeugung der Merkmale, der aktuelle Abtastschritt und die Anzahl der berücksichtigten vergangenen Abtastschritte angegeben.

Die Zustandsüberwachung kann bei driftenden Zustandsänderungen als eine Verallgemeinerung der Fehlerdiagnose angesehen werden. Die Fehlerdiagnose ist dabei ein wichtiger Bestandteil der Zustandsüberwachung. In Ding (2014a) wird vorgeschlagen, die Fehlerdiagnose in die drei folgenden Hauptaufgaben zu unterteilen.

Fehlerdetektion: Aufgabe ist das Detektieren von Fehlern im Prozess.

Fehlerisolation: Aufgabe ist das Lokalisieren der für den Fehler verantwortlichen Komponente.

Fehleranalyse: Aufgabe ist das Bestimmen der Fehlerart und der aktuellen Fehlergröße.

Die Zustandsüberwachung beinhaltet die Lösung der drei Aufgaben nicht nur für den Fehler, sondern auch für die Vorstufe des Fehlers.

2.3 Anforderungen an eine datenbasierte Zustandsüberwachung

Unabhängig von dem Verfahren der Zustandsüberwachung können einige Ziele aufgestellt werden, die für jede Zustandsüberwachung gültig sind. Am Ende soll im Betrieb das Eintreten eines Fehlers möglichst zeitnah detektiert, lokalisiert und identifiziert werden. Dabei soll die Zahl der Fehlalarme und der ausbleibenden Alarme möglichst gering gehalten werden, welche wie folgt definiert sind.

Definition 2.9 (Fehlalarm). Ein Fehler wird detektiert, obwohl kein Fehler in der Komponente vorliegt.

Definition 2.10 (Ausbleibender Alarm). Die Detektion eines Fehlers bleibt aus, obwohl ein Fehler in der Komponente vorliegt.

Bei driftenden Zustandsänderungen gibt es immer einen Bereich, in dem je nach Randbedingungen die Zustandsänderung noch als akzeptabel oder aber schon als inakzeptabel eingeordnet wird, dieser sollte für eine gute Performanz möglichst klein sein. Eine Zustandsänderung sollte für möglichst kleine Werte schon detektiert, lokalisiert und identifiziert werden. Um eine schnelle Detektion zu ermöglichen, ist eine hohe Diagnosehäufigkeit erwünscht. Bei einer datenbasierten Zustandsüberwachung soll hierfür das in den Prozessdaten vorhandene Wissen über den Prozess durch ein Training in eine Zustandsüberwachung transformiert werden. Wichtige Eigenschaften sind in dem Zusammenhang die Detektierbarkeit, Isolierbarkeit und Identifizierbarkeit der Zustandsänderungen bzw. der Fehler.

Die Eigenschaft der Detektierbarkeit einer Zustandsänderung wird unabhängig von ihrer Größe, den Störungen und anderen Einflüssen in Anlehnung an Blanke u. a. (2006) wie folgt definiert.

Definition 2.11 (Detektierbarkeit). Eine Zustandsänderung Δz_i ist in einem Merkmalsraum $\mathcal{M}$ detektierbar, wenn gilt $\mathcal{Z}_i \not\subseteq \mathcal{Z}_0$.

Eine Detektierbarkeit der Zustandsänderung Δz_i ist also gegeben, wenn es in der Menge $\mathcal{Z}_i$ aller Merkmalsvektoren der Komponente mit Zustandsänderung Δz_i Merkmalsvektoren gibt, die nicht zu der Menge $\mathcal{Z}_0$ aller Merkmalsvektoren der Komponente ohne Zustandsänderung z_0 (neu) gehören. Für eine Zustandsüberwachung sollte aber auch schon die Vorstufe des Fehlers detektierbar sein. Gibt es keinen einzigen Merkmalsvektor, der von der Komponente ohne Zustandsänderung z_0 und der Komponente mit Zustandsänderung Δz_i erzeugt werden kann, dann besteht für die Zustandsänderung Δz_i eine vollständige Detektierbarkeit.

Definition 2.12 (Vollständige Detektierbarkeit). Eine Zustandsänderung Δz_i ist in einem Merkmalsraum $\mathcal{M}$ vollständig detektierbar, wenn gilt $\mathcal{Z}_i \setminus \mathcal{Z}_0 = \mathcal{Z}_i$.

Die Differenz von zwei Mengen $\setminus$ ist dabei durch

$$\mathcal{Z}_i \setminus \mathcal{Z}_0 = \{\mathbf{m} | (\mathbf{m} \in \mathcal{Z}_i) \wedge (\mathbf{m} \notin \mathcal{Z}_0)\} \tag{2.2}$$

gegeben. In realen Systemen ist eine vollständige Detektierbarkeit auf Grund von verschiedenen Einflüssen normalerweise nicht gegeben. Veranschaulicht wird die Detektierbarkeit durch die Zustandsänderung Δz_1 und die vollständige Detektierbarkeit durch die Zustandsänderung Δz_2 in Abbildung 2.3 an einem zweidimensionalen Beispiel, mit den Merkmalen m_1 und m_2. Die Zustandsänderung Δz_1 produziert Merkmalsvektoren, die nur

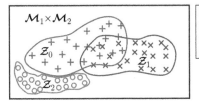

☐	Theoretischer Merkmalsraum
⊞	Merkmalsraum von z_0
☒	Merkmalsraum von Δz_1
⊡	Merkmalsraum von Δz_2

Abbildung 2.3: Beispiel für die Detektierbarkeit und vollständige Detektierbarkeit

von ihr stammen können, aber auch welche, die auch von der Komponente ohne Zustandsänderung z_0 stammen können. Deswegen ist die Zustandsänderung zwar detektierbar, aber
nicht vollständig detektierbar. Die von der Zustandsänderung Δz_2 erzeugten Merkmalsvektoren können alle nur von einer Komponente mit der Zustandsänderung Δz_2 stammen
und somit ist der Zustand vollständig detektierbar. Bezogen auf eine Detektierbarkeit eines Fehlers f_i werden die Merkmalskombination der Vorstufe des Fehlers der Komponente
ohne Zustandsänderung z_0 zugeordnet. Die Zustandsänderung Δz_i beinhaltet dann nur
noch die Merkmalsvektoren des Fehlers und ist somit mit dem Fehler f_i identisch.

Analog zur Detektierbarkeit kann die Isolierbarkeit ebenfalls als eine von der Größe
der Zustandsänderung, Störungen und anderen Einflüssen unabhängige Eigenschaft der
Merkmale definiert werden.

Definition 2.13 (Isolierbarkeit). Zwei detektierbare Zustandsänderungen Δz_i und Δz_j
in einem Merkmalsraum $\mathcal{M}$ sind voneinander isolierbar, wenn gilt $\mathcal{Z}_i \triangle \mathcal{Z}_j \neq \emptyset$.

Dabei ist durch $\triangle$ die symmetrische Differenz und durch $\emptyset$ die leere Menge gekennzeichnet. Für die symmetrische Differenz von zwei Mengen gilt

$$\mathcal{Z}_i \triangle \mathcal{Z}_j = \{\mathbf{m} | ((\mathbf{m} \in \mathcal{Z}_i) \wedge (\mathbf{m} \notin \mathcal{Z}_j)) \vee ((\mathbf{m} \in \mathcal{Z}_j) \wedge (\mathbf{m} \notin \mathcal{Z}_i))\}. \qquad (2.3)$$

Bei mehr als zwei Zustandsänderungen wird von einer vollständigen Isolierbarkeit der
Zustandsänderung Δz_i gesprochen, wenn die Zustandsänderung Δz_i von jeder der anderen
Zustandsänderungen Δz_j isolierbar ist.

Definition 2.14 (Vollständige Isolierbarkeit). Eine detektierbare Zustandsänderung Δz_i
in einem Merkmalsraum $\mathcal{M}$ ist vollständig isolierbar, wenn für jede Zustandsänderung
$\Delta z_j, i \neq j$ gilt $\mathcal{Z}_i \triangle \mathcal{Z}_j \neq \emptyset$.

Die vollständige Isolierbarkeit einer Zustandsänderung ist zum Beispiel gegeben, wenn
sich Merkmale finden lassen, die nur durch eine Zustandsänderung beeinflusst werden. Im
weiteren Verlauf wird dieser Fall als gegeben angenommen und die Isolation der Zustandsänderung nicht weiter behandelt. Veranschaulicht ist dieser Fall für die Zustandsänderung
Δz_1 in Abbildung 2.4. Die Zustandsänderung Δz_2 in Abbildung 2.4 erzeugt die gleichen

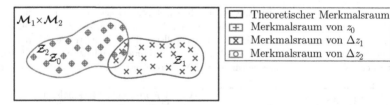

Abbildung 2.4: Beispiel für die Isolierbarkeit

Merkmalsvektoren, wie die Komponente ohne Zustandsänderung z_0. Die gewählten Merkmale werden also nicht von der Zustandsänderung Δz_2 beeinflusst. Die Zustandsänderung
Δz_1 hingegen erzeugt isolierbare Merkmalsvektoren.

Die Identifizierbarkeit ist eine weitere Steigerung der Anforderungen an die Struktur
und ist gegeben, wenn die Struktur eine Rekonstruktion der Zustandsänderung Δz_i aus

den Merkmalsvektoren zulässt. Sie kann analog zur Isolierbarkeit über die stufenweise Identifizierbarkeit hergeleitet werden, wenn die Zustandsänderung Δz_i anhand der Größe in mehrere Klassen $\Delta z_{i,1}, \ldots, \Delta z_{i,n}$ unterteilt wird, wobei gilt $\Delta z_{i,1} < \Delta z_{i,2} < \ldots < \Delta z_{i,n}$. Bei $n = \infty$ ist eine stufenlose Rekonstruktion der Zustandsänderung Δz_i möglich.

Definition 2.15 (Identifizierbarkeit). Eine detektierbare und isolierbare Zustandsänderung Δz_i in einem Merkmalsraum $\mathcal{M}$ ist (stufenweise) identifizierbar, wenn n Klassen mit unterschiedlich großer Zustandsänderung Δz_i vollständig isolierbar sind.

In Abbildung 2.5 ist vereinfacht eine identifizierbare Zustandsänderung Δz_1 mit drei verschiedenen Größen $\Delta z_{1,j}$ der Zustandsänderung dargestellt. Es ist gezeigt, dass es möglich ist, die unterschiedlich großen Zustandsänderungen voneinander zu unterscheiden. In einem realen System wächst die Zustandsänderung kontinuierlich und somit stellt die Aufteilung der Zustandsänderung in Stufen eine Quantisierung dar.

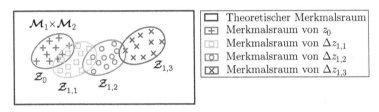

Abbildung 2.5: Beispiel für die (stufenweise) Identifizierbarkeit

Die Anforderungen an die Merkmalsgenerierung ergeben sich aus der Detektierbarkeit, Isolierbarkeit und Identifizierbarkeit. Ziel bei der Fehlerdiagnose und Zustandsbestimmung ist eine sensible Reaktion der Merkmale auf eine Zustandsänderung und möglichst keine Reaktion auf Störungen und andere nicht beachtete Einflüsse. Im Sinne der einfachen Isolierbarkeit ist es gut, wenn die Merkmale nur auf die Zustandsänderung eines Fehlers und der dazugehörigen Vorstufe reagieren. In datenbasierten Konzepten kommt typischerweise noch die Forderung nach einer festen Anzahl an Merkmalen dazu. Die feste Anzahl an Merkmalen bedeutet nicht unbedingt eine feste Anzahl an Messdaten und Abtastschritten, aus denen die Merkmale gewonnen werden.

Die Merkmalsauswertung hat die Aufgabe, die in den Merkmalen verdichtete Information über die Zustandsänderung einer Komponente möglichst verlustfrei in eine für den Anwender leicht verständliche Information zu transformieren, zum Beispiel durch Angabe der Art und Größe einer Zustandsänderung und ob ein Fehler vorliegt oder nicht.

2.4 Anforderungen an eine Zustandsüberwachung im Fahrzeug

In diesem Abschnitt werden die Anforderungen an die datenbasierte Zustandsüberwachung für den Einsatz im Motorsteuergerät konkretisiert. Die zusätzlichen Anforderungen entstehen vor allem durch den hohen Kostendruck in dem Anwendungsgebiet. Beendet wird der Abschnitt mit den Anforderungen an eine datenbasierte Zustandsüberwachung für das Anwendungsbeispiel des DWKs.

Der Gesetzgeber fordert, wie bereits in der Einleitung erwähnt, eine funktionelle Überwachung aller emissionsrelevanten Komponenten im Rahmen der OBD. Bei einigen Komponenten wird eine minimale Haltbarkeit gefordert. Innerhalb der Haltbarkeit muss die Komponente funktionsfähig sein und von der Fehlerdetektion auch als funktionsfähig erkannt werden. Dabei bezieht sich die funktionelle Überwachung häufig nur auf die Detektion und Lokalisierung des Fehlers. Da sich Fehlalarme in realen Systemen bei driftenden Zustandsänderungen nicht verhindern lassen, sollte eine akzeptable Zustandsänderung aus Gründen der Verfügbarkeit und den Wartungskosten erst kurz vor dem Fehler zu ersten Fehlalarmen führen. Hierbei wird oftmals von einer möglichst großen Trennschärfe der Diagnose gesprochen. Seit Neuestem muss der Hersteller des Fahrzeugs nachweisen, dass die vorgeschriebenen Überwachungen auch regelmäßig im Betrieb durchgeführt werden, dafür muss die *In Use Performance Ratio* aus Gl. (1.1) einen vorgegebenen Wert überschreiten.

Neben den gesetzlichen Bestimmungen gibt es aber auch noch weitere Anforderungen, die durch den Kunden motiviert sind. Ein wichtiger Faktor dabei sind die Betriebskosten eines Fahrzeugs. Ein großes Potential hierbei hat die zustandsabhängige Instandhaltung, da die Instandhaltungskosten immerhin etwa 40 % der Gesamtkosten ausmachen. Hinzu kommt die zustandsabhängige Regelung, die dabei helfen kann, negative Effekte von driftenden Zustandsänderungen zu reduzieren und die Lebensdauer der eingesetzten Komponenten zu erhöhen. Negative Effekte können zum Beispiel ein Komfortverlust oder ein erhöhter Kraftstoffverbrauch sein. Eine Zustandsüberwachung sollte also neben der Detektion und Isolation auch eine Bestimmung der Größe des Fehlers und auch bereits der Vorstufe des Fehlers liefern. Um das Potential komplett zu nutzen, sollte eine Zustandsüberwachung auch für Komponenten durchgeführt werden, bei denen die Überwachung nicht gesetzlich vorgeschrieben ist. Damit ein Fehler zeitnah erkannt und entsprechende Maßnahmen eingeleitet werden können, ist eine hohe Diagnosehäufigkeit der Zustandsüberwachung gefordert. Bei langen Verzögerungen zwischen der Detektion und dem Auftreten des Fehlers kann es zu Folgeschäden kommen. Deshalb können die Potentiale der zustandsabhängigen Regelung und Instandhaltung nicht richtig genutzt werden, wenn die Abstände zwischen zwei Bestimmungen des Zustands der Komponente groß sind.

Aus wirtschaftlicher Sicht werden die Anforderungen an eine datenbasierte Zustandsüberwachung auf Grund des hohen Kostendrucks nochmals erweitert. Der Kostendruck äußert sich in einer geringen Anzahl an Sensoren, der geringen Rechenleistung des Motorsteuergeräts, der geringen Anzahl an Trainingsdaten und einer geringen Verfügbarkeit von Komponenten mit dem Fehler und der Vorstufe des Fehlers. Die geringe Anzahl an Sensoren erfordert oft die Verwendung von geschätzten Prozessgrößen, die auf Grund der Rechenleistung des Motorsteuergeräts nur über ein stark vereinfachtes Modell verfügbar sind. Insbesondere in dynamischen Betriebszuständen weisen die geschätzten Prozessgrößen Abweichungen von der Realität auf. Außerdem ist wegen der geringen Anzahl an Sensoren ein Fehler nur selten durch eine direkte Überwachung der Messgrößen möglich. Eine datenbasierte Zustandsüberwachung muss deswegen im ersten Schritt Merkmale erstellen, die dann analysiert werden können. Dabei ist unter anderem der Umgang mit dynamischen Betriebszuständen nötig. Die Rechenleistung des Motorsteuergeräts erfordert auch von der Zustandsüberwachung eine Umsetzung mit minimalen Ressourcen. Die geringe Anzahl der Trainingsdaten ist ein Resultat der hohen Kosten bei der Erstellung. Die Trainingsdaten werden durch Fahrten auf der Straße oder Messungen am Prüfstand gesammelt. Zur Reduzierung dieser Kosten sollte ein Verfahren mit wenigen Messungen auskommen und diese sollten nicht nur für das Training einer Zustandsüberwachung verwendbar sein. Die fehlerhafte Komponente und die Komponenten mit verschieden großer Vorstufe des Fehlers müssen oftmals für das Training künstlich hergestellt werden, was hohe Kosten verursacht. Zum Beispiel können diese durch eine gezielte Überhitzung der Komponente hergestellt werden. Deshalb muss ein Verfahren mit sehr wenig verschiedenen Stufen der Zustandsänderung auskommen.

Bezogen auf das Anwendungsbeispiel wird von dem Gesetzgeber eine Fehlerdetektion des DWKs, eine Dauerhaltbarkeit und die Erfüllung einer minimalen Diagnosehäufigkeit gefordert. In den neuesten europäischen Vorschriften liegt die Dauerhaltbarkeit zum Beispiel bei 160 000 km. Der Kostendruck führt dazu, dass direkt am DWK mit den Lambdasonden vor und nach dem DWK nur zwei Sensoren verbaut sind, die beide den Sauerstoffanteil im Abgas bestimmen. Durch diese ist eine Überwachung im normalen Betrieb nicht möglich, da das Signal der Lambdasonde nach dem DWK weitestgehend konstant ist. Es wird also eine Merkmalsgenerierung für besondere Betriebszustände gebraucht. Verfügbar im Training sind meistens der neue DWK und der EDL-DWK. Zu einem späteren Zeitpunkt ist oftmals auch der DWK am Ende der Dauerhaltbarkeit vorhanden, aber dann muss die Zustandsüberwachung bereits funktionieren. Negative Auswirkungen der driftenden Zustandsänderung eines DWKs sind vor allem die erhöhten Emissionen, die durch eine zustandsabhängige Regelung verringert werden können. Bei der Instandhaltung ist momentan eine reaktive Strategie eingesetzt, sodass hier erstmal kein Kostenvorteil entsteht. Da der DWK eine sehr wichtige Komponente in der Abgasnachbehandlung ist, kann es in der Zukunft zu einer Änderung der gesetzlichen Anforderungen kommen. Eine Übertragung der Fehlermeldung des DWKs über Funk an die zuständige Behörde wird in Kalifornien im Rahmen der OBD III bereits diskutiert (Borgeest, 2014).

Bemerkung 2.1 (Grenzkatalysator). Der EDL-DWK wird in der Praxis oft auch als Grenzkatalysator bezeichnet. Da das Grenzsystem in einem Fahrzeug mal das schlechteste fehlerfreie System (z.B. Lambdasonde) und mal das beste fehlerhafte System (z.B. DWK) darstellt, wird der Begriff im weiteren Verlauf nicht verwendet.

3 Modellierung und Grundlagen des Anwendungsbeispiels

Dieses Kapitel umfasst den Aufbau, die Funktionsweise und die Modellierung der für das Anwendungsbeispiel benötigten Komponenten. Wie in Abbildung 3.1 zu sehen ist, handelt es sich dabei um den Zustand des Abgases vor dem DWK, den zwei Lambdasonden (Breitband-Lambdasonde[1], Sprung-Lambdasonde[2]) und dem DWK selber. Für den DWK

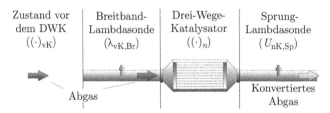

| Zustand vor dem DWK $((\cdot)_{vK})$ | Breitband-Lambdasonde $(\lambda_{vK,Br})$ | Drei-Wege-Katalysator $((\cdot)_n)$ | Sprung-Lambdasonde $(U_{nK,Sp})$ |

Abgas

Konvertiertes Abgas

Abbildung 3.1: Typischer Aufbau des Anwendungsbeispiels

wird die Alterung durch Stress erläutert, die eine langsam driftende Zustandsänderung beschreibt und ab einer bestimmten Größe als Fehler zu werten ist. Hierfür werden im ersten Abschnitt die Annahmen und Vereinfachungen vorgestellt, die für die Modellierung getroffen werden. Bei dem vorgestellten Modell wird der in Guzzella und Onder (2010) beschriebene *Mean-Value*-Ansatz umgesetzt. Bei diesem Ansatz wird die diskontinuierliche Arbeitsweise des Motors über die vier Takte (Ansaugen, Verdichten, Arbeiten, Ausstoßen) gemittelt und somit der Motor als Pumpe mit kontinuierlichem Ausgangsmassenstrom dargestellt. Außerdem wird vor allem auf die Modellierung des Sauerstoffspeicherverhaltens geachtet. Die folgenden drei Abschnitte beinhalten die Grundlagen und Modellierung des Zustands vor dem DWK, der Lambdasonden und des DWKs. Die Modelle dienen in den folgenden Kapiteln als Grundlage für die Durchführung der Simulationsstudie. Im Wesentlichen beruhen die Modelle auf den Erkenntnissen der Arbeiten von Auckenthaler (2005), Möller u. a. (2009), Guzzella und Onder (2010) und Kiwitz (2012). Im Anschluss werden mit dem Schubbetrieb und dem anschließenden Katalysator-Ausräumen zwei im normalen Fahrbetrieb häufig auftretende Anregungen des Sauerstoffspeichers erläutert. Anhand dieser Situationen werden die Modelle qualitativ bewertet und anschließend an einer Messung mit einem EDL-DWK validiert. Abgeschlossen wird das Kapitel mit einer Zusammenfassung der wichtigsten Ergebnisse.

---

[1] Die Breitband-Lambdasonde ist in der Lage das Luft-Kraftstoff-Gemisch in einem großen Messbereich zu bestimmen

[2] Die Sprung-Lambdasonde bestimmt das Luft-Kraftstoff-Gemisch nur in der Umgebung des stöchiometrischen Luft-Kraftstoff-Gemischs gut. Dafür kann der Wechsel zwischen fettem und magerem Luft-Kraftstoff-Gemisch sehr genau bestimmt werden

3.1 Annahmen und Vereinfachungen

Die Dynamik in dem Modell wird durch nichtlineare, gewöhnliche Differentialgleichungen beschrieben. Dafür wird eine homogene Verteilung der thermodynamischen Zustandsgrößen innerhalb ihres Teilsystems angenommen. Durch die Verwendung des *Mean-Value*-Ansatzes wird das dynamische Verhalten der Mittelwerte (*mean value*) des Viertaktzyklus von den Zustandsgrößen abgebildet. Dadurch wird eine für die globale Prozessbeschreibung ausreichende Modellgenauigkeit erzielt. Außerdem wird durch die Vernachlässigung der durch die Ereignisse des Viertaktprozesses hervorgerufenen dynamischen Effekte (z.B. ein diskontinuierlicher Massenstrom) eine Modellreduktion erreicht.

In einem DWK findet eine Vielzahl von chemischen Reaktionen statt. Ein Modell mit allen Reaktionen führt zu einer langen Simulationsdauer. Für die Zustandsüberwachung des DWKs ist das Sauerstoffspeicherverhalten von Interesse. So wird angenommen, dass alle Reaktionen in Verbindung mit dem Sauerstoffspeicher stattfinden. Zusätzlich werden die modellierten Komponenten im Abgas auf Sauerstoff (O_2), Wasser (H_2O), Wasserstoff (H_2), Kohlenstoffdioxid (CO_2) und Kohlenstoffmonoxid (CO) begrenzt. Der Sauerstoffspeicher wird durch Ceroxid modelliert, wobei Cer(III)-oxid (Ce_2O_3) den leeren und Cer(IV)-oxid (Ce_2O_4) den vollen Anteil des Sauerstoffspeichers repräsentieren.

Die Vorgänge innerhalb des DWKs sind sehr komplex und eine Betrachtung als ein Teilsystem bietet nicht immer die benötigte Genauigkeit. Deshalb wird der DWK in mehrere Teilsysteme aufgeteilt. Hierfür wird der DWK in Flussrichtung in n_z Zellen mit gleichem Volumen unterteilt und zur Identifizierung durchnummeriert ($n = 1, \ldots, n_z$). Der Eingang der Zelle n ist also der Ausgang der Zelle $n-1$. Ausnahme ist die erste Zelle, die als Eingang den Zustand vor dem DWK hat ($n = 0$). Bei dem Zustand vor dem DWK $n = 0$ und dem Ausgang der letzten Zelle $n = n_z$ werden anstatt der Nummerierung die Indizes vK und nK DWK verwendet.

Für die Modellierung der Reaktionen in dem DWK-Modell werden die Konzentrationen von Sauerstoff $c_{O_2,vK}$, Kohlenstoffdioxid $c_{CO_2,vK}$, Kohlenstoffmonoxid $c_{CO,vK}$, Wasserstoff $c_{H_2,vK}$ und Wasser $c_{H_2O,vK}$ vor dem DWK gebraucht. Diese werden im gesamten Modell in ppm angegeben. Im Fahrzeug werden diese Prozessgrößen im Normalfall nicht gemessen. Um eine einfache Vergleichbarkeit zwischen Modell und realem Prozess herzustellen, soll das hier gezeigte Modell nur mit im Fahrzeug verfügbaren Eingangsgrößen ausgestattet werden. Die verwendeten Eingangsgrößen sind das Luft-Kraftstoff-Gemisch vor dem DWK λ_{vK}, der Abgasmassenstrom $\dot{m}_A$ und die Abgastemperatur vor dem DWK $\vartheta_{A,vK}$.

Für die Betrachtung der Zustandsüberwachung eines DWKs, kann so eine ausreichende Genauigkeit bei akzeptabler Simulationsdauer erzielt werden. Durch die Anzahl der Zellen in dem DWK-Modell kann ein Kompromiss zwischen der Genauigkeit und der benötigten Rechenleistung entsprechend der aktuellen Anforderungen getroffen werden.

Die Struktur des Modells mit den zuvor getroffenen Annahmen ist in Abbildung 3.2 dargestellt. Die Rohemissionen werden vereinfacht direkt aus dem Luft-Kraftstoff-Gemisch vor dem DWK λ_{vK} berechnet. Der zweite Teil ist das Modell des DWKs, das aus mehreren gleich aufgebauten Zellen besteht. Jede Zelle berechnet unter Berücksichtigung des aktuellen Abgasmassenstroms $\dot{m}_A$ die Veränderungen der Abgastemperatur $T_{A,n}$ und der Konzentrationen von Sauerstoff $c_{O_2,n}$, Kohlenstoffdioxid $c_{CO_2,n}$, Kohlenstoffmonoxid $c_{CO,n}$, Wasserstoff $c_{H_2,n}$ und Wasser $c_{H_2O,n}$ durch die Reaktionen in dem Abschnitt des DWKs. Das Modell der Breitband-Lambdasonde berechnet das gemessene Luft-Kraftstoff-Gemisch aus den Konzentrationen der Abgaskomponenten vor dem DWK. Das Modell

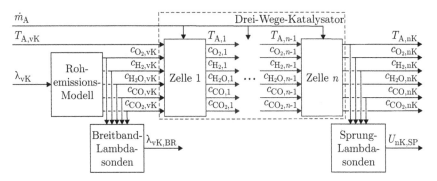

Abbildung 3.2: Struktur des Modells

Sprung-Lambdasonde berechnet aus der Abgastemperatur und den Konzentrationen der Abgaskomponenten Sauerstoff $c_{O_2,nK}$, Kohlenstoffmonoxid $c_{CO,nK}$ und Wasserstoff $c_{H_2,nK}$ nach dem DWK ein Spannungssignal.

Bemerkung 3.1. Zu Gunsten der Lesbarkeit wird die explizite Darstellung der Zeitabhängigkeit im weiteren Verlauf der Modellierung weggelassen.

3.2 Situation vor dem Drei-Wege-Katalysator

Die Verbrennung in einem Ottomotor stellt eine Oxidation des aus verschiedenen Kohlenwasserstoffen (H_aC_b) bestehenden Benzins mit Sauerstoff (O_2) dar. Eine ideale und vollständige Verbrennung kann mit

$$H_aC_b + \left(b + \frac{a}{4}\right)O_2 \rightarrow b\,CO_2 + \frac{a}{2}H_2O \tag{3.1}$$

beschrieben werden, wobei $a \in \mathbb{N}$ und $b \in \mathbb{N}$ die Anzahl der an der Reaktion teilnehmenden Atome bzw. Moleküle darstellen und $\rightarrow$ für eine, in eine Richtung gerichtete Reaktion steht. Bei der vollständigen Verbrennung entstehen theoretisch nur Wasser (H_2O) und Kohlenstoffdioxid (CO_2). Doch die Verbrennung im Ottomotor ist nicht ideal und so entstehen neben Wasser (H_2O) und Kohlenstoffdioxid (CO_2) bei der Verbrennung vor allem noch die Schadstoffe Kohlenstoffmonoxid (CO), Kohlenwasserstoff (HC) und verschiedene Stickoxide (NO_x).

Die Zusammensetzung des Abgases von einem Ottomotor im Betrieb mit stöchiometrischem Luft-Kraftstoff-Gemisch ($\lambda = 1$) ist in Abbildung 3.3 gezeigt. Den größten Anteil des Abgases bildet mit 71,5 % der Stickstoff (N_2) aus der angesaugten Luft. Wasser (H_2O), Kohlenstoffdioxid (CO_2) und sonstige Bestandteile des Abgases, wie Sauerstoff (O_2) und Edelgase, liefern weitere 27,5 % der Gesamtzusammensetzung. Die Schadstoffe Kohlenstoffmonoxid (CO), Kohlenwasserstoff (HC) und die Stickoxide (NO_x) nehmen gerade einmal 1 % in der Zusammensetzung des Abgases ein. Diese nahezu komplett zu konvertieren ist die Aufgabe des DWKs.

In Guzzella und Onder (2010) wird als Näherung ein nichtlinearer Zusammenhang zwischen den Abgaskomponenten und dem Luft-Kraftstoff-Gemisch λ_{vK} gezeigt. Die mathe-

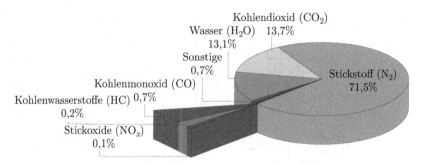

Abbildung 3.3: Zusammensetzung des Abgases eines Ottomotors bei stöchiometrischem Luft-Kraftstoff-Gemisch (Van Basshuysen, 2013)

matische Beschreibung ist dann durch

$$c_{O_2,vK} = \frac{1}{100}f_{O_2}(\lambda_{vK}), \quad c_{H_2,vK} = \frac{1}{100}f_{H_2}(\lambda_{vK}), \quad c_{H_2O,vK} = \frac{1}{100}f_{H_2O}(\lambda_{vK}),$$
$$c_{CO,vK} = \frac{1}{100}f_{CO}(\lambda_{vK}), \quad c_{CO_2,vK} = \frac{1}{100}f_{CO_2}(\lambda_{vK}),$$

(3.2)

gegeben, wobei $f_q(\cdot)$ den in Abbildung 3.4 gezeigten Kennlinien entspricht. Außerhalb

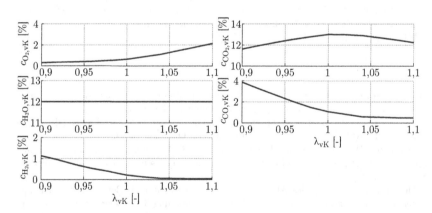

Abbildung 3.4: Kennlinien zur Berechnung der Abgaskomponenten vor dem DWK

des gezeigten Wertebereichs werden die Kennlinien extrapoliert, wobei jeweils ein maximaler und minimaler Wert festgelegt wird. Zum Beispiel ist bei Sauerstoff der maximale Wert der Sauerstoffanteil in der Luft (21 %). Die Unterschiede in der Komponentenkonzentration zwischen den Kennlinien bei stöchiometrischen Luft-Kraftstoff-Gemisch und der Abbildung 3.3 resultieren aus den für das Modell getroffenen Vereinfachungen.

3.3 Die Lambdasonden

Wie eingangs in Abbildung 3.1 dargestellt, werden für die Lambdaregelung und die Überwachung des DWKs typischerweise zwei Lambdasonden eingesetzt, wobei die Art der
beiden Lambdasonden oftmals unterschiedlich ist. Die Lambdasonde vor dem DWK ist
häufig eine Breitband-Lambdasonde, die in der Lage ist, das Luft-Kraftstoff-Gemisch in
einem breiten Bereich zu bestimmen. Die Lambdasonde hinter dem DWK ist meistens eine Sprung-Lambdasonde, die durch einen Spannungssprung den Wechsel zwischen fettem
und magerem Luft-Kraftstoff-Gemisch sehr genau anzeigen kann. Aber nur in einem kleinen Bereich um das stöchiometrische Luft-Kraftstoff-Gemisch eine größere Abhängigkeit
des Sondensignals von dem Luft-Kraftstoff-Gemisch aufweist.

3.3.1 Breitband-Lambdasonden

Die Breitband-Lambdasonde ermöglicht eine gute Messung des Luft-Kraftstoff-Gemischs
λ in einem großen Messbereich von ca. $\lambda = 0{,}6$ bis hin zur reiner Luft $\lambda = \infty$. Außerdem
erreicht sie Ansprechzeiten von $t_a < 100\,\text{ms}$. In Abbildung 3.5 ist eine typische Kennlinie
für die Breitband-Lambdasonde dargestellt. Durch den Sauerstoff-Partialdruck im Abgas

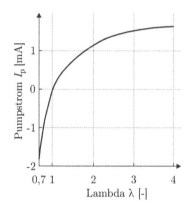

Abbildung 3.5: Kennlinie einer Breitband-Lambdasonde in Anlehnung an Weinhold (2007)

stellt sich ein Pumpstrom I_p der Lambdasonde ein, der nichtlinear von dem Luft-Kraftstoff-Gemisch abhängt. Die Temperatur des Abgases hat dabei im Bereich der normalen
Betriebstemperatur des DWKs nur einen geringen Einfluss.

    Das verwendete Modell der Breitband-Lambdasonde stellt eine direkte Verbindung zwi-
schen den Konzentrationen der einzelnen Abgaskomponenten und dem Luft-Kraftstoff-
Gemisch her, ohne den Pumpstrom I_p zu bestimmen (Guzzella und Onder, 2010). Der
Messwert der Breitband-Lambdasonde lässt sich dabei aus dem Verhältnis zwischen den
vorhandenen und gebrauchten Sauerstoffatomen durch

$$\lambda^s_{n,\text{Br}} = \frac{\text{vorhandener Sauerstoff}}{\text{gebrauchter Sauerstoff}} \tag{3.3}$$

berechnen, wobei $\lambda^s_{n,\mathrm{Br}}$ das gemessene Luft-Kraftstoff-Gemisch einer idealen Breitband-Lambdasonde nach Zelle n ist, also bei Vernachlässigung der Sensordynamik. Für die im DWK-Modell berücksichtigten Komponenten ergibt sich somit die folgende Gleichung.

$$\lambda^s_{n,\mathrm{Br}} = \frac{2\,c_{\mathrm{O_2},n} + c_{\mathrm{H_2O},n} + 2\,c_{\mathrm{CO_2},n} + c_{\mathrm{CO},n}}{c_{\mathrm{H_2},n} + c_{\mathrm{H_2O},n} + 2\,c_{\mathrm{CO_2},n} + 2\,c_{\mathrm{CO},n}} \tag{3.4}$$

Gerade für die Untersuchung des Luft-Kraftstoff-Gemischwechsels muss die Sensordynamik mit berücksichtigt werden. Dabei bietet die Annahme des PT-1 Verhaltens oftmals eine gute Näherung (Guzzella und Onder, 2010), welche mit

$$\lambda_{n,\mathrm{Br}}(k_\mathrm{k}) = \lambda_{n,\mathrm{Br}}(k_\mathrm{k} - 1) + \tau^\mathrm{d}_\mathrm{Br}\left(\lambda^s_{n,\mathrm{Br}}(k_\mathrm{k}) - \lambda_{n,\mathrm{Br}}(k_\mathrm{k} - 1)\right) \tag{3.5}$$

in diskreter Form gegeben ist, wobei $\tau^\mathrm{d}_\mathrm{Br}$ die zeitdiskrete Zeitkonstante und $\lambda_{n,\mathrm{Br}}$ der Messwert der Breitband-Lambdasonde sind. Die Zeitkonstante des diskreten PT-1 Glieds kann aus der Zeitkonstante $\tau_\mathrm{Br} \approx 10 - 20\,\mathrm{ms}$ der Sonde und der Abtastzeit T_s berechnet werden und ist gegeben durch

$$\tau^\mathrm{d}_\mathrm{Br} = \frac{1}{\frac{\tau_\mathrm{Br}}{T_\mathrm{s}} + 1}. \tag{3.6}$$

3.3.2 Sprung-Lambdasonde

Die Sprung-Lambdasonde zeichnet sich in technischer Hinsicht durch eine sehr starke Änderung der Spannung um das stöchiometrische Luft-Kraftstoff-Gemisch $\lambda = 1$ herum und hinsichtlich wirtschaftlicher Aspekte durch die geringeren Kosten der Sprung-Lambdasonde im Vergleich zu der Breitband-Lambdasonde aus. Oftmals wird in der Praxis auch von einem Spannungssprung bei einem stöchiometrischen Luft-Kraftstoff-Gemisch gesprochen. Wie in Abbildung 3.6 gezeigt, hängt die Ausgangsspannung der Lambdasonde nur geringfügig von Veränderungen des Luft-Kraftstoff-Gemischs im mageren und fetten Bereich ab. Bei magerem Luft-Kraftstoff-Gemisch ist die Spannung der Sprung-Lambdasonde sehr klein ($U_{n,\mathrm{Sp}} < 300\,\mathrm{mV}$) während bei fettem Luft-Kraftstoff-Gemisch die Spannung deutlich größer ($U_{n,\mathrm{Sp}} > 600\,\mathrm{mV}$) ist. Die Spannung des stöchiometrischen Luft-Kraftstoff-Gemischs liegt bei $U_{n,\mathrm{Sp}} \approx 450\,\mathrm{mV}$. Außerdem ist zu sehen, dass besonders die Spannung der Sprung-Lambdasonde bei fettem Luft-Kraftstoff-Gemisch erheblich durch die Abgastemperatur beeinflusst wird (Riegel, Neumann und Wiedenmann, 2002).

Da die in Abbildung 3.6 gezeigten Kennlinien nur für den stationären Betrieb gelten und es bei dynamischen Übergängen zu größeren Abweichungen davon kommen kann, wird in Auckenthaler (2005) die Sensorspannung einer idealen Sprung-Lambdasonde durch ein heuristisches Modell mit

$$\begin{aligned} U^s_{n,\mathrm{Sp}} = &L_1 + L_5 \exp\left(\frac{L_6}{R T_{\mathrm{A},n}}\right) \log_{10}\left(1 + L_2\, c^\mathrm{k}_{\mathrm{CO},n} + L_3\, c^\mathrm{k}_{\mathrm{H_2},n}\right) \\ &- L_7 \log_{10}\left(1 + L_4\, c^\mathrm{k}_{\mathrm{O_2},n}\right) \end{aligned} \tag{3.7}$$

berechnet. Hierbei sind durch $U^s_{n,\mathrm{Sp}}$ die Spannung der idealen Lambdasonde, $T_{\mathrm{A,nK}}$ die Abgastemperatur in Kelvin und R die universelle Gaskonstante gegeben. Bei den Variablen L_i handelt es sich um heuristisch bestimmte Koeffizienten. Dabei wird durch den zweiten

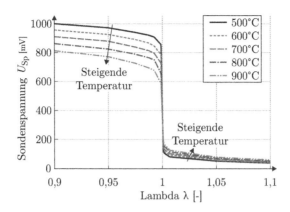

Abbildung 3.6: Kennlinien der Sprung-Lambdasonde in Anlehnung an Riegel, Neumann und Wiedenmann (2002)

Term die Spannung $U^s_{u,\text{Sp}}$ in Abhängigkeit der Wasserstoff- $c^k_{\text{H}_2,n}$ und Kohlenmonoxidkonzentration $c^k_{\text{CO},n}$ erhöht und durch den dritten Term die Spannung in Abhängigkeit von der Sauerstoffkonzentration $c^k_{\text{O}_2,n}$ verringert, wobei durch $c^k_{q,n}$ die für das Modell korrigierten Komponentenkonzentrationen angegeben sind. Diese werden zur Verbesserung der Genauigkeit des Modells eingesetzt. Bei magerem Luft-Kraftstoff-Gemisch werden die korrigierten Konzentrationen der Komponenten angenommen als

$$c^k_{\text{O}_2,n} = c_{\text{O}_2,n} - 0{,}5\left(c_{\text{H}_2,n} + c_{\text{CO},n}\right)$$
$$c^k_{\text{H}_2,n} = 0 \qquad\qquad\qquad (3.8)$$
$$c^k_{\text{CO},n} = 0.$$

In einem fetten Luft-Kraftstoff-Gemisch sind mit Wasserstoff (H_2) und Kohlenmonoxid (CO) zwei Komponenten aktiv. Dadurch muss die restliche Sauerstoffkonzentration $c_{\text{O}_2,n}$ auf die beiden anderen Konzentrationen zur Korrektur verteilt werden. Die Korrekturgleichungen ergeben sich dann mit

$$c^k_{\text{O}_2,n} = 0$$
$$c^k_{\text{H}_2,n} = \max\left(c_{\text{H}_2,n} - 2\,w_{\text{Sp}}\,c_{\text{O}_2,n} + \min\left(c_{\text{CO},n} - 2\left(1 - w_{\text{Sp}}\right)c_{\text{O}_2,n},0\right),0\right) \qquad (3.9)$$
$$c^k_{\text{CO},n} = \max\left(c_{\text{CO},n} - 2\left(1 - w_{\text{Sp}}\right)c_{\text{O}_2,n} + \min\left(c_{\text{H}_2,n} - 2\,w_{\text{Sp}}\,c_{\text{O}_2,n},0\right),0\right),$$

wobei durch w_{Sp} angegeben wird, welcher Anteil des evtl. noch vorhandenen Sauerstoffs (O_2) auf Wasserstoff (H_2) und welcher auf Kohlenstoffmonoxid (CO) umgerechnet wird. Für die Verteilung des Sauerstoffs wird die durch

$$w_{\text{Sp}} = \frac{0{,}3\,c_{\text{H}_2,n}}{0{,}3\,c_{\text{H}_2,n} + c_{\text{CO},n}} \qquad (3.10)$$

gegebene Gleichung vorgeschlagen. Es ist ersichtlich, dass bei magerem Luft-Kraftstoff-Gemisch der zweite Term und bei fettem Luft-Kraftstoff-Gemisch der dritte Term von Gl. (3.7) gleich Null sind.

Auch die Dynamik der Sprung-Lambdasonde kann analog zu der Breitband-Lambda-sonde mit einem PT-1 Verhalten angenähert werden und ist gegeben durch

$$U_{n,\mathrm{Sp}}(k_\mathrm{k}) = U_{n,\mathrm{Sp}}(k_\mathrm{k} - 1) + \tau_{\mathrm{Sp}}^\mathrm{d} \left(U_{n,\mathrm{Sp}}^\mathrm{s}(k_\mathrm{k}) - U_{n,\mathrm{Sp}}(k_\mathrm{k} - 1) \right), \qquad (3.11)$$

wobei durch $U_{n,\mathrm{Sp}}$ die gemessene Spannung und durch $\tau_{\mathrm{Sp}}^\mathrm{d}$ die diskrete Zeitkonstante der Lambdasonde gegeben sind. Der Verstärkungsfaktor wird analog zur Breitband-Lambda-sonde mit

$$\tau_{\mathrm{Sp}}^\mathrm{d} = \frac{1}{\frac{\tau_{\mathrm{Sp}}}{T_\mathrm{s}} + 1} \qquad (3.12)$$

beschrieben, wobei τ_{Sp} die Sensorzeitkonstante ist.

3.4 Drei-Wege-Katalysator

Wie im ersten Kapitel angedeutet, hängt die Konvertierung der Schadstoffe durch den DWK stark von dem aktuellen Luft-Kraftstoff-Gemisch λ ab. In Abbildung 3.7 ist die Konvertierungseffizienz der einzelnen Emissionen bei Betriebstemperatur in Abhängigkeit von dem Luft-Kraftstoff-Gemisch λ dargestellt. Zusätzlich eingezeichnet ist ein Fenster, bei

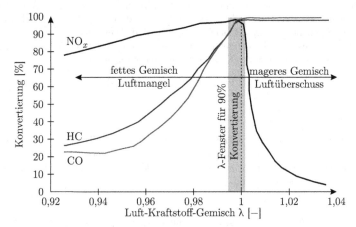

Abbildung 3.7: Effektivität der Konvertierung der einzelnen Emissionen in Abhängigkeit vom Luft-Kraftstoff-Gemisch in Anlehnung an Feßler (2011)

dem die Konvertierungseffizienz der drei Emissionskomponenten gleichzeitig größer oder gleich 90 % ist. Es ist zu sehen, dass dieser Bereich relativ schmal ist und um das stöchiometrische Luft-Kraftstoff-Gemisch $\lambda = 1$ herum liegt. Unter optimalen Bedingungen sind sogar Konvertierungen > 98 % möglich. Bei einem mageren Luft-Kraftstoff-Gemisch $\lambda > 1$ ist mehr Sauerstoff (O_2) vorhanden als benötigt wird und die Konvertierung von Stickoxiden (NO_x) nimmt mit steigendem Luft-Kraftstoff-Gemisch stark ab. Bei einem fetten Luft-Kraftstoff-Gemisch $\lambda < 1$ hingegen ist zu wenig Sauerstoff (O_2) vorhanden und mit fallendem Luft-Kraftstoff-Gemisch ist eine deutliche Abnahme der Konvertierung von

Kohlenwasserstoff (HC) und Kohlenstoffmonoxid (CO) zu verzeichnen. Deswegen wird die meiste Zeit, bei einem Ottomotor, ein stöchiometrisches Luft-Kraftstoff-Gemisch $\lambda = 1$ als Sollwert für die Lambdaregelung vorgegeben.

Für eine optimale Konvertierung im DWK, ist die katalytisch aktive Oberfläche ein wichtiger Faktor. Resultierend hieraus und aus der Bestrebung, die Kosten, das Gewicht und die Größe des DWKs gering zu halten, ist der Aufbau darauf ausgelegt, eine möglichst große katalytisch aktive Oberfläche auf kleiner Fläche bereitzustellen. Der typische Aufbau eines DWKs ist in drei Ansichten in Abbildung 3.8 dargestellt. Dabei nimmt die

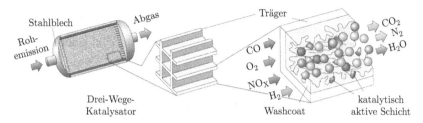

Abbildung 3.8: Aufbau eines Drei-Wege-Katalysators (links), des Keramikträgers (mittig) und der Oberfläche des Trägers (rechts) in Anlehnung an Feßler (2011)

Vergrößerung von links nach rechts zu. Das Gehäuse bildet ein Stahlblech, in dem sich eine Wärmeisolation (außen) und ein Keramikträger (innen) befinden. In der mittleren Abbildung ist der Keramikträger abgebildet, der zur Vergrößerung der Oberfläche pro Volumen eine wabenförmige Struktur hat. Auf dem Träger ist für eine weitere deutliche Vergrößerung der Oberfläche pro Volumen eine poröse Schicht aufgetragen, der so genannte *Washcoat*. Auf dem *Washcoat* sind Edelmetall-Partikel aufgebracht, die eine katalytisch aktive Schicht bilden. Zusätzlich wird der *Washcoat* mit Ceroxid versetzt, das dient dem DWK als Sauerstoffspeicher. Dadurch ist es möglich, den überschüssigen Sauerstoff in Phasen mit magerem Luft-Kraftstoff-Gemisch zu speichern und ihn dann in Phasen mit fettem Luft-Kraftstoff-Gemisch wieder abzugeben. Damit kann eine optimale Konvertierung auch bei kurzzeitigem Sauerstoffmangel bzw. Sauerstoffüberschuss gewährleistet werden.

Die katalytisch aktive Schicht konvertiert durch Reduktion und Oxidation gleichzeitig die drei Schadstoffe Stickoxide (NO_x), Kohlenmonoxid (CO) und Kohlenwasserstoff (HC) deutlich. Durch die Vergrößerung der Oberfläche können die Reaktionen schneller ablaufen. Die elementaren, chemischen Reaktionen an der katalytisch aktiven Schicht für die Konvertierung der Emissionen eines idealen DWKs sind gegeben durch die Gleichungen

$$NO + CO \rightarrow \frac{1}{2}N_2 + CO_2 \tag{3.13}$$

$$CO + \frac{1}{2}O_2 \rightarrow CO_2 \tag{3.14}$$

$$H_aC_b + \left(b + \frac{a}{4}\right)O_2 \rightarrow bCO_2 + \frac{a}{2}H_2O, \tag{3.15}$$

wobei die tatsächlich ablaufenden chemischen Reaktionen in realen DWKs deutlich komplexer und zahlreicher sind. Die Aufnahme des überschüssigen Sauerstoffs (O_2) durch den

Sauerstoffspeicher (Ce_2O_3) bzw. die Abgabe des Sauerstoffs (O_2) aus dem Sauerstoffspeicher (Ce_2O_4) bei Sauerstoffmangel wird beschrieben durch

$$O_2 + 2\,Ce_2O_3 \rightleftharpoons 2\,Ce_2O_4, \tag{3.16}$$

wobei $\rightleftharpoons$ für eine Gleichgewichtsreaktion steht.

Das Modell des DWKs besteht aus einem chemischen und einem physikalischen Teilmodell (Guzzella und Onder, 2010; Kiwitz, 2012). Im chemischen Teilmodell werden die Reaktionen mit der katalytisch aktiven Schicht abgebildet, im physikalischen der Massen- und Energiestrom. Da die Modellierung jeder Zelle identisch ist, wird im Folgenden das Modell einer Zelle eingeführt.

In Abbildung 3.9 ist die Struktur des Modells einer Zelle gezeigt. Als Eingänge hat die

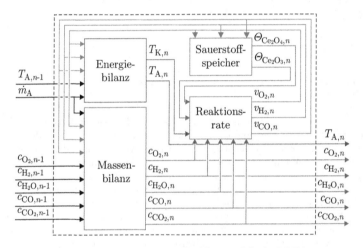

Abbildung 3.9: Struktur des Modells einer Zelle des DWKs

Zelle die Konzentrationen der Abgaskomponenten von Sauerstoff $c_{O_2,n-1}$, Kohlenstoffdioxid $c_{CO_2,n-1}$, Kohlenstoffmonoxid $c_{CO,n-1}$, Wasserstoff $c_{H_2,n-1}$ und Wasser $c_{H_2O,n-1}$ und die Abgastemperatur $T_{A,n-1}$ der vorangegangenen Zelle bzw. der Situation vor dem DWK. Hinzu kommt der Abgasmassenstrom durch den DWK $\dot{m}_A$, der für jede Zelle gleich ist. Als Ausgänge werden die Konzentrationen der Abgaskomponenten von Sauerstoff $c_{O_2,n}$, Kohlenstoffdioxid $c_{CO_2,n}$, Kohlenstoffmonoxid $c_{CO,n}$, Wasserstoff $c_{H_2,n}$ und Wasser $c_{H_2O,n}$ und die Abgastemperatur $T_{A,n}$ in der Zelle erhalten. Im ersten Teil des chemischen Modells werden die Reaktionsgeschwindigkeiten der modellierten Reaktionen $v_{O_2,n}$, $v_{H_2,n}$ und $v_{CO,n}$ in Abhängigkeit der Temperatur des DWK-Festkörpers $T_{K,n}$ und der Konzentration der Abgaskomponenten in der Zelle berechnet. Der zweite Teil des chemischen Modells berechnet hieraus den Anteil des vollen $\theta_{Ce_2O_4,n}$ und leeren $\theta_{Ce_2O_3,n}$ Sauerstoffspeichers. Im physikalischen Modell wird durch die Massenbilanz die Änderung von den Konzentrationen der Abgaskomponenten und durch die Energiebilanz die Temperatur des Abgases $T_{A,n}$ und des Festkörpers $T_{K,n}$ in der Zelle berechnet.

3.4.1 Modellierung der chemischen Vorgänge

Zunächst soll die Auswirkung der chemischen Reaktion auf den Sauerstoffspeicher modelliert werden. Abbildung 3.10 dient dabei zur Veranschaulichung. Darin ist der DWK

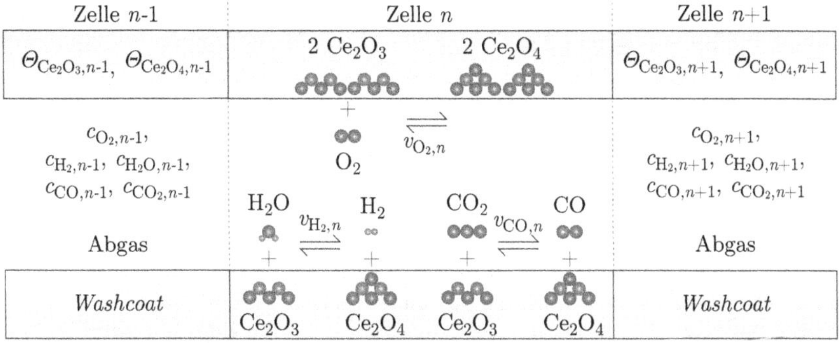

Abbildung 3.10: Schema der Reaktionen des Modells

als ein Kanal modelliert, der in mehrere Zellen unterteilt ist und die drei verwendeten Reaktionen darstellt. Die gezeigten Reaktionen r lassen sich mathematisch mit

$$O_2 + 2\,Ce_2O_3 \rightleftharpoons 2\,Ce_2O_4 \tag{3.17}$$

$$H_2O + Ce_2O_3 \rightleftharpoons H_2 + Ce_2O_4 \tag{3.18}$$

$$CO_2 + Ce_2O_3 \rightleftharpoons CO + Ce_2O_4 \tag{3.19}$$

beschreiben. Um das Aufkommen der Komponenten o auf der Katalysatoroberfläche zu bestimmen, wird die Reaktionsgeschwindigkeit $v_{r,n}$ benötigt. Die Reaktionsgeschwindigkeit $v_{r,n}$ kann allgemein für eine beliebige Reaktion in Abhängigkeit von der Konzentration $c_{q,n}$ der Abgaskomponenten q und dem Aufkommen $\theta_{o,n}$ der einzelnen Komponenten auf dem Festkörper beschrieben werden. Die Gleichung der Reaktionsgeschwindigkeit $v_{r,n}$ ist mit

$$v_{r,n} = k_{r,n} \prod_{q,\nu_{r,q}<0}^{n_A} c_{q,n}^{-\nu_{r,q}} \prod_{o,\nu_{r,o}<0}^{n_K} \theta_{o,n}^{-\nu_{r,o}} - \frac{k_{r,n}}{K_{r,n}} \prod_{q,\nu_{r,q}>0}^{n_A} c_{q,n}^{\nu_{r,q}} \prod_{o,\nu_{r,o}>0}^{n_K} \theta_{o,n}^{\nu_{r,o}} \tag{3.20}$$

gegeben, dabei sind die Anzahl der teilnehmenden Komponenten im Abgas und Festkörper durch n_A und n_K gekennzeichnet. Durch $k_{r,n}$ ist die Geschwindigkeitskonstante, durch $K_{r,n}$ die Gleichgewichtskonstante und durch $\nu_{r,q}$ bzw. $\nu_{r,o}$ der stöchiometrische Koeffizient gegeben. Für die Reaktion Gl. (3.17), (3.18) und (3.19) werden die Indizes $r = \{O_2, H_2, CO\}$ definiert. Die betrachteten Abgaskomponenten sind $q = \{O_2, H_2, H_2O, CO, CO_2\}$ und die Komponenten auf der Oberfläche sind $o = \{Ce_2O_3, Ce_2O_4\}$. Damit ergeben sich die Gleichungen für die Reaktionsgeschwindigkeit des Modells durch

$$v_{O_2,n} = k_{O_2,n} c_{O_2,n} \theta_{Ce_2O_3,n}^2 - \frac{k_{O_2,n}}{K_{O_2,n}} \theta_{Ce_2O_4,n}^2 \qquad (3.21)$$

$$v_{H_2,n} = k_{H_2,n} c_{H_2O,n} \theta_{Ce_2O_3,n} - \frac{k_{H_2,n}}{K_{H_2,n}} c_{H_2,n} \theta_{Ce_2O_4,n} \qquad (3.22)$$

$$v_{CO,n} = k_{CO,n} c_{CO_2,n} \theta_{Ce_2O_3,n} - \frac{k_{CO,n}}{K_{CO,n}} c_{CO,n} \theta_{Ce_2O_4,n}. \qquad (3.23)$$

Die Geschwindigkeits- und Gleichgewichtskonstanten lassen sich mit

$$k_{r,n} = A_r \exp\left(-\frac{E_r}{RT_{K,n}}\right) \qquad (3.24)$$

$$K_{r,n} = \exp\left(-\frac{\Delta G_{r,n}}{RT_{K,n}}\right) \qquad (3.25)$$

beschreiben, mit A_r dem Vorfaktor, E_r der Aktivierungsenergie und $\Delta G_{r,n}$ der Gibbs-Energie von Reaktion r. Durch $T_{K,n}$ ist die Temperatur des DWK-Festkörpers in Zelle n angegeben. Für dieses Modell sind die Konstanten somit beschrieben durch

$$k_{O_2,n} = A_{O_2} \exp\left(-\frac{E_{O_2}}{RT_{K,n}}\right), \quad K_{O_2,n} = \exp\left(-\frac{\Delta G_{O_2,n}}{RT_{K,n}}\right) \qquad (3.26)$$

$$k_{H_2,n} = A_{H_2} \exp\left(-\frac{E_{H_2}}{RT_{K,n}}\right), \quad K_{H_2,n} = \exp\left(-\frac{\Delta G_{H_2,n}}{RT_{K,n}}\right) \qquad (3.27)$$

$$k_{CO,n} = A_{CO} \exp\left(-\frac{E_{CO}}{RT_{K,n}}\right), \quad K_{CO,n} = \exp\left(-\frac{\Delta G_{CO,n}}{RT_{K,n}}\right). \qquad (3.28)$$

Die benötigte Gibbs Energie $\Delta G_{r,n}$ lässt sich über die Enthalpie- $\Delta H_{r,n}$ und Entropie-änderung $\Delta S_{r,n}$ der Reaktion aufstellen. Diese können durch die Enthalpien $H_{q,n}$ und Entropien $S_{q,n}$ der Abgaskomponenten, sowie die Enthalpien $H_{o,n}$ und Entropien $S_{o,n}$ der Komponenten auf der Oberfläche des Festkörpers beschrieben werden. Für die Gibbs Energie lässt sich

$$\Delta G_{r,n} = \underbrace{\Delta H_{r,n} - T_{K,n} \Delta S_{r,n} = \sum_q \left(\nu_{r,q} H_{q,n}\right) + \sum_o \left(\nu_{r,o} H_{o,n}\right)}_{\Delta H_{r,n}}$$
$$- T_{K,n} \underbrace{\left(\sum_q \left(\nu_{r,q} S_{q,n}\right) + \sum_o \left(\nu_{r,o} S_{o,n}\right)\right)}_{\Delta S_{r,n}} \qquad (3.29)$$

aufstellen, wobei eine starke Temperaturabhängigkeit der Reaktionsgeschwindigkeit zu erkennen ist. Für den hier gezeigten Fall sind die Gibbs-Energien damit durch

$$\Delta G_{O_2,n} = \Delta H_{O_2,n} - T_{K,n} \Delta S_{O_2,n} = -H_{O_2,n} - 2H_{Ce_2O_3,n} + 2H_{Ce_2O_4,n}$$
$$- T_{K,n} \left(-S_{O_2,n} - 2S_{Ce_2O_3,n} + 2S_{Ce_2O_4,n}\right) \qquad (3.30)$$

$$\Delta G_{H_2,n} = \Delta H_{H_2,n} - T_{K,n} \Delta S_{H_2,n} = -H_{H_2O,n} - H_{Ce_2O_3,n} + H_{H_2,n} + H_{Ce_2O_4,n}$$
$$- T_{K,n} \left(-S_{H_2O,n} - S_{Ce_2O_3,n} + S_{H_2,n} + S_{Ce_2O_4,n}\right) \qquad (3.31)$$

$$\Delta G_{CO,n} = \Delta H_{CO,n} - T_{K,n} \Delta S_{CO,n} = -H_{CO_2,n} - H_{Ce_2O_3,n} + H_{CO,n} + H_{Ce_2O_4,n}$$
$$- T_{K,n} \left(-S_{CO_2,n} - S_{Ce_2O_3,n} + S_{CO,n} + S_{Ce_2O_4,n}\right) \qquad (3.32)$$

beschrieben. Für die Enthalpien $H_{q,n}$ und Entropien $S_{q,n}$ der Abgaskomponenten kann in dem benötigten Temperaturbereich die Näherung

$$H_{q,n} = h_{q,1} + h_{q,2} T_{K,n} \tag{3.33}$$
$$S_{q,n} = s_{q,1} + s_{q,2} T_{K,n} + s_{q,3} T_{K,n}^2 \tag{3.34}$$

verwendet werden, wobei die Werte für die Konstanten $h_{q,i}$ und $s_{q,i}$ in guter Näherung aus der Literatur entnommen werden können. Die in dieser Arbeit verwendeten Werte sind im Anhang A.1 gegeben. Für die Differenz der Enthalpie und Entropie auf der Oberfläche reicht die vereinfachte Berechnung durch

$$H_{Ce_2O_4,n} - H_{Ce_2O_3,n} = -2{,}5 \cdot 10^5 + 54\,300\,\theta_{Ce_2O_4,n}^2 \tag{3.35}$$
$$S_{Ce_2O_4,n} - S_{Ce_2O_3,n} = 5{,}03 \tag{3.36}$$

aus.

Das Aufkommen einer Komponente auf der Oberfläche des DWKs kann dann über die Summe der Reaktionsgeschwindigkeiten, der Reaktionen an denen die Komponente teilnimmt durch

$$\frac{\partial \theta_{o,n}}{\partial t} = \sum_r \nu_{r,o} v_{r,n} \tag{3.37}$$

berechnet werden. Das Aufkommen auf der Oberfläche der verwendeten Komponenten Cer(IV)-oxid (Ce_2O_4) und Cer(III)-oxid (Ce_2O_3) des Modells sind mit

$$\frac{\partial \theta_{Ce_2O_4,n}}{\partial t} = 2 v_{O_2,n} + v_{H_2,n} + v_{CO,n} \tag{3.38}$$

$$\frac{\partial \theta_{Ce_2O_3,n}}{\partial t} = -2 v_{O_2,n} - v_{H_2,n} - v_{CO,n} \tag{3.39}$$

gegeben. Dabei kann das Aufkommen von Cer(III)-oxid (Ce_2O_3) auf der Oberfläche vereinfacht direkt aus dem Aufkommen von Cer(IV)-oxid (Ce_2O_4) auf der Oberfläche mit

$$\theta_{Ce_2O_3,n} = 1 - \theta_{Ce_2O_4,n} \tag{3.40}$$

berechnet werden.

3.4.2 Modellierung der physikalischen Vorgänge

Die Konzentrationen der einzelnen Abgaskomponenten in einer Zelle können durch Aufstellen der Massenbilanz gewonnen werden. In dem hier gegebenen Modell beschränkt sich die Massenbilanz auf die Änderung der Konzentration durch die Veränderung des Luft-Kraftstoff-Gemischs der Verbrennung und die Reaktion mit dem DWK-Festkörper, wie schematisch in Abbildung 3.11 dargestellt. Mathematisch ist die Massenbilanz einer Zelle unter Berücksichtigung der zwei zuvor genannten Anteile gegeben durch

$$\frac{\partial c_{q,n}}{\partial t} = \underbrace{\frac{c_{q,n-1} - c_{q,n}}{c_0} \frac{\dot{m}_A n_Z}{M_A V_K}}_{\text{Abgasmassenstrom}} - \underbrace{\sum_r \left(v_{r,n} \nu_{r,q} \right) \frac{C_i}{c_0}}_{\text{Reaktion}} . \tag{3.41}$$

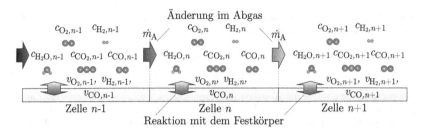

Abbildung 3.11: Schema der modellierten Massenströme

Hierbei steht c_0 für die totale Gaskonzentration, M_A für die molare Masse des Abgases, V_K für das totale Volumen des Drei-Wege-Katalysators und C_i für die Kapazität der absorbierten Abgaskomponente pro Volumen des DWKs. In dem gezeigten Modell wird angenommen, dass nur der Sauerstoff (O_2) gespeichert wird. Somit sind die Massenbilanzen durch

$$\frac{\partial c_{O_2,n}}{\partial t} = \frac{c_{O_2,n-1} - c_{O_2,n}}{c_0} \frac{\dot{m}_A n_Z}{M_A V_K} - v_{O_2,n} \frac{C_{O_2}}{c_0} \tag{3.42}$$

$$\frac{\partial c_{H_2O,n}}{\partial t} = \frac{c_{H_2O,n-1} - c_{H_2O,n}}{c_0} \frac{\dot{m}_A n_Z}{M_A V_K} - v_{H_2,n} \frac{C_{O_2}}{c_0} \tag{3.43}$$

$$\frac{\partial c_{H_2,n}}{\partial t} = \frac{c_{H_2,n-1} - c_{H_2,n}}{c_0} \frac{\dot{m}_A n_Z}{M_A V_K} + v_{H_2,n} \frac{C_{O_2}}{c_0} \tag{3.44}$$

$$\frac{\partial c_{CO_2,n}}{\partial t} = \frac{c_{CO_2,n-1} - c_{CO_2,n}}{c_0} \frac{\dot{m}_A n_Z}{M_A V_K} - v_{CO,n} \frac{C_{O_2}}{c_0} \tag{3.45}$$

$$\frac{\partial c_{CO,n}}{\partial t} = \frac{c_{CO,n-1} - c_{CO,n}}{c_0} \frac{\dot{m}_A n_Z}{M_A V_K} + v_{CO,n} \frac{C_{O_2}}{c_0} \tag{3.46}$$

gegeben, wobei C_{O_2} die Sauerstoffspeicherkapazität ist.

Die Temperatur des Abgases $T_{A,n}$ und des DWK-Festkörpers $T_{K,n}$ kann, wie in Abbildung 3.12 dargestellt, mit der Energiebilanz berechnet werden. Beachtet werden der

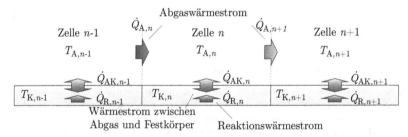

Abbildung 3.12: Schema der Wärmeströme in einer Zelle

Konvektionswärmestrom $\dot{Q}_{A,n}$ durch das durchströmende Abgas, der Wärmeaustausch zwischen Festkörper und Abgas $\dot{Q}_{AK,n}$, sowie der durch die exothermen Reaktionen ausgelöste Wärmestrom $\dot{Q}_{R,n}$. Der Wärmestrom zwischen zwei Zellen im Festkörper wird vernachlässigt.

Die Konvektionswärme $\dot{Q}_{A,n}$ der Zelle n in dem Abgasmassenstrom kann wie folgt durch die Temperatur im Abgas $T_{A,n}$ der Zelle n und der Vorgängerzelle $T_{A,n-1}$ beschrieben werden

$$\dot{Q}_{A,n} = (T_{A,n-1} - T_{A,n}) c_{p,A} \dot{m}_A. \tag{3.47}$$

Dabei steht $c_{p,A}$ für die spezifische Wärmekapazität des Abgases. Der Wärmestrom $\dot{Q}_{AK,n}$ zwischen dem Abgas und dem Festkörper wird beschrieben durch

$$\dot{Q}_{AK,n} = (T_{A,n} - T_{K,n}) \alpha A_V \frac{V_K}{n_Z}. \tag{3.48}$$

Hierbei steht A_V für die spezifische Katalysatoroberfläche pro Volumen und α für den Wärmeübertragungskoeffizient. Der durch die produzierte Wärme der exothermen Reaktionen entstehende Wärmestrom $\dot{Q}_{R,n}$ ist gegeben mit

$$\dot{Q}_{R,n} = C_{O_2} \frac{V_K}{n_Z} \sum_r \left(-\Delta H_{r,n} v_{r,n} \right). \tag{3.49}$$

Daraus resultiert die Gleichung

$$\frac{\partial T_{A,n}}{\partial t} = \frac{n_Z}{M_A c_0 c_{p,A} V_K \epsilon} \left(\dot{Q}_{A,n} - \dot{Q}_{AK,n} \right) \tag{3.50}$$

für die Temperatur des Abgases in Zelle n, wobei ϵ der Kompressionsfaktor des Abgases ist. Die Temperatur des DWK-Festkörpers beschreibt sich durch

$$\frac{\partial T_{K,n}}{\partial t} = \frac{n_Z}{M_K c_{p,K}} \left(\dot{Q}_{R,n} + \dot{Q}_{AK,n} \right) \tag{3.51}$$

mit M_K der molaren Masse und $c_{p,K}$ der spezifischen Wärmekapazität des DWK-Festkörpers.

3.4.3 Alterung durch thermalen Stress

Durch die Position des DWKs nach dem Motor ist er sehr hohen Temperaturen ausgesetzt, die zu einer Alterung des DWKs führen. Der thermische Stress führt zu einer Verkleinerung der katalytisch aktiven Oberfläche. Gründe hierfür sind zum einen die Wanderung von Edelmetallatomen oder ganzen Edelmetallkristallen. Diese verbinden sich mit anderen Edelmetallkristallen, daraus resultiert eine Abnahme der Anzahl an Edelmetallkristallen und eine Zunahme des Volumens der Kristalle. Zum anderen kann sich der *Washcoat* verformen und Edelmetallkristalle einschließen und somit für das Abgas unzugänglich machen. Die Katalysatoralterung durch Verformung des *Washcoats* spielt auf Grund der dafür benötigten sehr hohen Temperaturen in modernen DWKs nur eine untergeordnete Rolle (Feßler, 2011). Eine verstärkte thermische Alterung findet bei Abgastemperaturen von $\vartheta_{A,vK} \approx 800 - 1000\,°C$ und eine sehr starke bei Abgastemperaturen $\vartheta_{A,vK} > 1000\,°C$ statt (Reif und Dietsche, 2014). Ähnliche Mechanismen, wie bei den Edelmetallen, führen auch zu einer Abnahme der Sauerstoffspeicherfähigkeit durch thermischen Stress. Dadurch korreliert die aktuelle Sauerstoffspeicherfähigkeit mit der Konvertierungsleistung des DWKs. Hiermit ist es möglich, eine Zustandsüberwachung auf Basis der Sauerstoffspeicherfähigkeit umzusetzen. Auch die chemische Alterung spielt auf Grund der hohen Qualität der Kraftstoffe und Öle in vielen Ländern keine große Rolle mehr. Die Modellierung der Alterung des DWKs kann durch Reduzierung der Sauerstoffspeicherfähigkeit umgesetzt werden. Dafür wird mit steigender Alterung der Parameter die Sauerstoffspeicherkapazität C_{O_2} in dem Modell verringert. Alternativ kann auch das Volumen des DWKs reduziert werden. In dieser Arbeit wird die Sauerstoffspeicherfähigkeit für die Alterung verwendet. Die Sauerstoffspeicherfähigkeit ist gekennzeichnet durch die Sauerstoffmasse m_{O_2}, die der Sauerstoffspeicher aufnehmen kann. Diese wird aus der Sauerstoffspeicherkapazität C_{O_2} durch

$$m_{O_2} = V_K M_{O_2} C_{O_2} \qquad (3.52)$$

berechnet. Da alle Reaktionen in dem Modell über den Sauerstoffspeicher umgesetzt werden, ist auch deren Reaktion verringert. Dadurch wird der Effekt der Alterung gut wiedergegeben.

3.5 Bewertung des Modells am Schubbetrieb und Katalysator-Ausräumen

Die vorgestellten Modelle sollen anhand des Schubbetriebs und dem anschließenden Katalysator-Ausräumen qualitativ bewertet werden. Diese beiden Situationen stellen eine häufig im normalen Fahrbetrieb auftretende Anregung des Sauerstoffspeichers dar. Das Katalysator-Ausräumen wird im weiteren Verlauf der Arbeit für die Zustandsüberwachung des DWKs herangezogen. Der Schubbetrieb ist eine Funktion zum Einsparen von Kraftstoff, bei der unter bestimmten Randbedingungen (z.B. Fahrpedalwinkel = 0°, Drehzahl > x usw.) die Kraftstoffzufuhr abgeschaltet wird. Durch das Katalysator-Ausräumen wird der Sauerstoffspeicher nach dem Schubbetrieb teilweise entleert.

Für die qualitative Bewertung wird der Schubbetrieb und das anschließende Katalysator-Ausräumen mit einem konstanten Abgasmassenstrom $\dot{m}_A$, einer konstanten Abgastemperatur $\vartheta_{A,vK}$ und konstantem Luft-Kraftstoff-Gemisch λ_{vK} vor dem DWK beim Katalysator-Ausräumen und für unterschiedlich stark gealterte DWKs durchgeführt. Vor dem Schubbetrieb und nach dem Katalysator-Ausräumen wird für längere Zeit ein stöchiometrisches Luft-Kraftstoff-Gemisch $\lambda_{vK} = 1$ eingestellt. In den folgenden fünf Abbildungen (3.13, 3.14, 3.15, 3.16 und 3.17) wird die Bewertung des Modells exemplarisch für einen Abgasmassenstrom von $\dot{m}_A = 5$ kg/h, einer Abgastemperatur und einem Luft-Kraftstoff-Gemisch vor dem DWK von $\vartheta_{A,vK} = 520\,°C$ und $\lambda_{vK} = 0{,}9$ für zwei Altersstufen eines DWKs durchgeführt. Dabei hat die erste Altersstufe eine Sauerstoffspeicherfähigkeit von $m_{O_2} \approx 702$ mg und die zweite eine Sauerstoffspeicherfähigkeit von $m_{O_2} \approx 351$ mg.

In Abbildung 3.13 ist der Verlauf des gemessenen Luft-Kraftstoff-Gemischs vor dem DWK durch die Breitband-Lambdasonde $\lambda_{vK,Br}$ gezeigt, wobei das Katalysator-Ausräumen in der Box zur besseren Anschaulichkeit vergrößert wird. Der Verlauf dient der Erläuterung des Schubbetriebs und dem nachträglichen Katalysator-Ausräumen, sowie der Überprüfung des Breitband-Lambdasonde-Modells. In den ersten 50 Sekunden wird ein stöchiometrisches Luft-Kraftstoff-Gemisch $\lambda_{vK} = 1$ simuliert. Nach 50 Sekunden findet die Schubabschaltung statt, was ein Abschalten der Kraftstoffzufuhr bedeutet. Dadurch wird der theoretische Wert für das Luft-Kraftstoff-Gemisch zu $\lambda_{vK} = \infty$ (Gl. (1.2)), da die Kraftstoffmasse $m_{KS} = 0$ mg ist. Die Breitband-Lambdasonde misst allerdings den

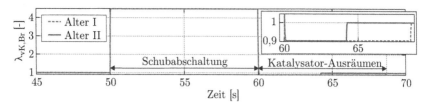

Abbildung 3.13: Signalverlauf der Breitband-Lambdasonde vor dem DWK, im Schubbetrieb für $\dot{m}_A$ = 5 kg/h, λ_{vK} = 0,9 und $\vartheta_{A,vK}$ = 520 °C

Anteil von Sauerstoff im Abgas (bei Luft 21 %), sodass sich ein Endwert von $\lambda_{vK,Br}$ = 4,5 einstellt. Der Endwert kann für unterschiedliche Breitband-Lambdasonden bei anderen Werten liegen (z.B. $\lambda_{vK,Br}$ = 16). Dabei weist das Signal bei dem Wechsel ein PT-1 Verhalten auf. Auf Grund der Zeitkonstante des Sensors von τ_{Br} = 10 ms, ist das PT-1 Verhalten kaum sichtbar. Nach 60 Sekunden wird von dem Schubbetrieb in das Katalysator-Ausräumen λ_{vK} = 0,9 geschaltet. Auch hier weist der Sensor ein PT-1 Verhalten auf, was in der Abbildung wegen der kleinen Zeitkonstante kaum zu erkennen ist. Nachdem genug Sauerstoff aus dem DWK entfernt ist, wird wieder ein stöchiometrisches Luft-Kraftstoff-Gemisch λ_{vK} = 1 eingestellt. Wie in der Vergrößerung zu erkennen ist, ist der Zeitpunkt von der Alterung abhängig. Das Modell der Breitband-Lambdasonde bildet das Verhalten einer realen Breitband-Lambdasonde gut nach.

Allerdings ist die Breitband-Lambdasonde und der DWK in den meisten Fahrzeugen nicht direkt hinter dem Motor platziert, sodass sich im Fahrzeug ein anderes Verhalten ergibt. Zum Beispiel ist das Rohr zwischen dem Motor und dem DWK nach dem Schubbetrieb komplett mit Luft gefüllt und das Abgas vermischt sich mit der Luft. Außerdem benötigt das Abgas Zeit, um am DWK anzukommen. In Guzzella und Onder (2010) wird vorgeschlagen, das Verhalten der Strecke zwischen Motor und DWK durch eine Totzeit τ_t^d für den Transport und ein PT-1 Glied für die Durchmischung des Abgases auf der Strecke anzunähern. Damit ist die Strecke zwischen Motor und DWK mit

$$\lambda_{vK}(k_k) = \lambda_{vK}(k_k - 1) + \tau_G^d \left(\lambda_{nM}(k_k - \tau_t^d) - \lambda_{vK}(k_k - 1) \right) \tag{3.53}$$

beschrieben, wobei die Zeitkonstante τ_G^d und die Totzeit τ_t^d abhängig von den Betriebsbedingungen sind (z.B. Abgasmassenstrom). Durch λ_{nM} ist das Luft-Kraftstoff-Gemisch nach dem Motor gegeben.

Zur Verdeutlichung ist in Abbildung 3.14 der Anfang des Katalysator-Ausräumens mit Berücksichtigung der Strecke zwischen Motor und DWK dargestellt. Es ist sichtbar, dass auf Grund der Totzeit das Luft-Kraftstoff-Gemisch vor dem DWK erst mit Verzögerung auf den Wechsel reagiert und danach ein PT-1 Verhalten zeigt. Dadurch wechselt das Luft-Kraftstoff-Gemisch erst bei $t \approx$ 61,25 Sekunden von mager nach fett. Zur Vereinfachung wird die Strecke zwischen Motor und DWK in den Simulationen vernachlässigt. Auswirkungen und Maßnahmen für die Zustandsüberwachung werden im Rahmen der experimentellen Untersuchung in Kapitel 8 diskutiert.

In Abbildung 3.15 ist der zur Abbildung 3.13 gehörende relative Sauerstoff-Füllstand der beiden Altersstufen dargestellt. Der relative Sauerstoff-Füllstand gibt dabei den Anteil des belegten Sauerstoffspeichers an und ist somit durch den Mittelwert des Aufkommens

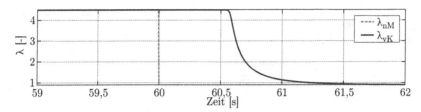

Abbildung 3.14: Signalverlauf des Luft-Kraftstoff-Gemischs beim Katalysator-Ausräumen mit Berücksichtigung der Strecke zwischen Motor und DWK für $\dot{m}_A = 5\,\text{kg/h}$, $\lambda_{vK} = 0{,}9$ und $\vartheta_{A,vK} = 520\,^\circ\text{C}$

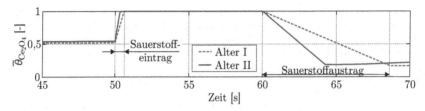

Abbildung 3.15: Signalverlauf des relativen Sauerstoff-Füllstandes Schubbetrieb für $\dot{m}_A = 5\,\text{kg/h}$, $\lambda_{vK} = 0{,}9$ und $\vartheta_{A,vK} = 520\,^\circ\text{C}$

von Cer(IV)-oxid auf der Oberfläche des DWKs über allen Zellen $\bar{\theta}_{Ce_2O_4}$ gegeben. Mit Beginn des Schubbetrieb $t = 50\,\text{s}$ wird der Sauerstoffspeicher gefüllt, da reine Luft mit ca. 21 % Sauerstoffanteil durch den DWK strömt. Dieser Teil des Schubbetriebs wird häufig auch als Sauerstoffeintrag bezeichnet. Auf Grund des hohen Sauerstoffanteils dauert es nur sehr kurz bis zur annähernd kompletten Füllung $\bar{\theta}_{Ce_2O_4} \approx 1$. Da der gealterte DWK mit $m_{O_2} \approx 351\,\text{mg}$ einen kleineren Speicher hat, ist dieser auch schneller gefüllt.

Mit Anfang des Katalysator-Ausräumens $t = 60\,\text{s}$ wird der Sauerstoffspeicher entleert. Auch hier reduziert sich der relative Sauerstoff-Füllstand des gealterten DWK wieder schneller. Das Austragen des Sauerstoffs beim Katalysator-Ausräumen mit einem Luft-Kraftstoff-Gemisch von $\lambda_{vK} = 0{,}9$ geht deutlich langsamer als das Eintragen des Sauerstoffs am Anfang des Schubbetriebs. Ist genug Sauerstoff aus dem DWK entfernt, wird wieder ein stöchiometrisches Luft-Kraftstoff-Gemisch eingestellt und der relative Sauerstoff-Füllstand steigt wieder, bis er einen ähnlichen Wert wie vor dem Schubbetrieb erreicht. Bei dem neueren DWK wird etwa bei $t \approx 68{,}5\,\text{s}$ umgeschaltet. Damit wird das Sauerstoffspeicherverhalten in einer ausreichenden Genauigkeit wiedergegeben. Es sei nochmal erwähnt, dass der relative Sauerstoff-Füllstand normalerweise für die Zustandsüberwachung nicht zur Verfügung steht.

In Abbildung 3.16 ist das Profil des relativen Sauerstoff-Füllstandes für den DWK Alter I aus Abbildung 3.15 gezeigt. Es ist zu sehen, dass beim Sauerstoffeintrag zuerst nur die erste Zelle Sauerstoff aufnimmt, beim Sauerstoffaustrag zuerst nur die erste Zelle Sauerstoff abgibt und erst nach und nach die weiter hinten gelegenen Zellen folgen. Die letzte Zelle nimmt beim Sauerstoffeintrag erst kurz vor dem Ende Sauerstoff auf und beim Sauerstoffaustrag gibt sie erst kurz vor dem Ende Sauerstoff ab. Dadurch führen kurzzeitige Abweichungen des Luft-Kraftstoff-Gemischs vor dem DWK nicht zu einer

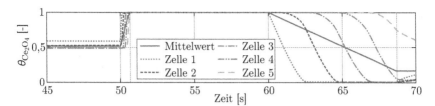

Abbildung 3.16: Relative Sauerstoff-Füllstand des DWKs Alter I im Schubbetrieb bei fünf Zellen für $\dot{m}_A = 5\,\mathrm{kg/h}$, $\lambda_{vK} = 0{,}9$ und $\vartheta_{A,vK} = 520\,^\circ\mathrm{C}$

merklichen Veränderung des relativen Sauerstoff-Füllstandes in der letzten Zelle und somit auch nicht zu einer Veränderung des Luft-Kraftstoff-Gemischs nach dem DWK.

In Abbildung 3.17 ist der Spannungsverlauf der Sprung-Lambdasonde nach dem DWK $U_{nK,Sp}$ dargestellt. In den 50 Sekunden vor dem Schubbetrieb steigt die Spannung langsam,

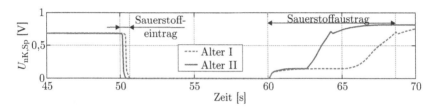

Abbildung 3.17: Signalverlauf der Sprung-Lambdasonde im Schubbetrieb für $\dot{m}_A = 5\,\mathrm{kg/h}$, $\lambda_{vK} = 0{,}9$ und $\vartheta_{A,vK} = 520\,^\circ\mathrm{C}$

was in der Abbildung wegen der Auflösung nicht zu sehen ist. Zu Beginn des Schubbetriebs ist die Spannung relativ konstant, bevor sie durch einen negativen Spannungssprung auf das magere Luft-Kraftstoff-Gemisch $\lambda_{vK} > 1$ reagiert. Der Spannungssprung findet dabei vor dem Ende des Sauerstoffeintrags statt. Grund für den erstmal konstanten Wert der Spannung ist der Sauerstoffspeicher, der den überschüssigen Sauerstoff aufnimmt und damit das Luft-Kraftstoff-Gemisch nach dem DWK erst einmal auf $\lambda_{nK} = 1$ hält.

Nach dem Schubbetrieb $t = 60\,\mathrm{s}$ steigt die Spannung relativ schnell auf $U_{nK,Sp} \approx 0{,}15\,\mathrm{V}$ und bleibt erstmal auf dem Wert, da der fehlende Sauerstoff im Luft-Kraftstoff-Gemisch durch den Sauerstoffspeicher ausgeglichen wird. Dieses Spannungsplateau wird von den häufig in Veröffentlichungen gezeigten stationären Kennlinien nicht modelliert. Es ist also nötig, ein Modell aufbauend auf den Abgaskomponenten zu entwickeln. Ist der Sauerstoffspeicher weit genug entleert erfolgt ein positiver Spannungssprung, wobei die Dauer wieder von dem Alter abhängt. Nachdem der Spannungssprung erfolgt ist, wird wieder ein stöchiometrisches Luft-Kraftstoff-Gemisch $\lambda_{vK} = 1$ eingestellt und die Spannung nähert sich langsam wieder dem Wert vor dem Schubbetrieb. Der Spannungsverlauf bildet den Signalverlauf einer realen Sprung-Lambdasonde gut ab.

3.6 Validierung

Die Validierung der vorgestellten Modelle soll an einem neuen europäischen Fahrzyklus mit einem EDL-DWK durchgeführt werden. Der Sauerstoffspeicher des Modells ist $m_{O_2} =$ 154 mg. Für die Validierung werden die Temperatur nach dem DWK $\vartheta_{A,nK}$, das Luft-Kraftstoff-Gemisch vor dem DWK λ_{vK} und die Spannung nach dem DWK $U_{nK,Sp}$ von Modell und Messung in Abbildung 3.18 verglichen.

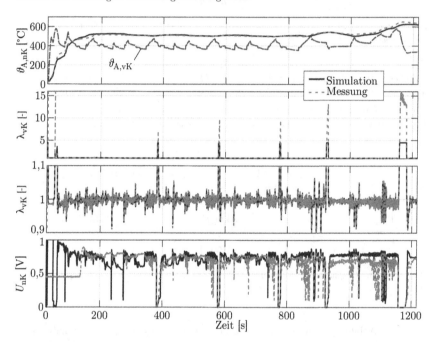

Abbildung 3.18: Verlauf der Messgrößen Temperatur nach dem DWK (oben), dem Luft-Kraftstoff-Gemisch vor dem DWK (2,3) und der Spannung nach dem DWK (unten) am EDL gegen die entsprechenden Größen des Modells mit $m_{O_2} = 154$ mg

Im oberen Teil der Abbildung ist die Abgastemperatur nach dem DWK $\vartheta_{A,nK}$ dargestellt. Zusätzlich ist noch die gemessene Abgastemperatur vor dem DWK $\vartheta_{A,vK}$ eingezeichnet, die dem Modell als Eingangsgröße dient. Es ist zu sehen, dass das Modell den Verlauf der Messung gut wiedergibt. Aufgrund der exothermen Reaktionen zur Konvertierung der Emissionen ist die Temperatur nach dem DWK die meiste Zeit höher als vor dem DWK.

Die beiden Signalverläufe in der Mitte geben das Verhalten der Breitband-Lambdasonde wieder. Am oberen Verlauf ist gut zu erkennen, dass sich für das Modell ein anderer Endwert während des Schubbetriebs einstellt. Rechnerisch würde sich ein unendliches Luft-Kraftstoff-Gemisch einstellen, doch die Lambdasonde misst den Sauerstoff-Partialdruck und für verschiedene Sensoren ergibt sich für reine Luft (21 % Sauerstoff) ein unterschiedlicher Endwert. Der untere Verlauf zeigt nur den Ausschnitt des Luft-Kraftstoff-Gemischs vor dem DWK mit ($0{,}9 \leq \lambda_{vK} \leq 1{,}1$). In diesem Bereich stimmen das Modell und die Messung sehr gut überein. Damit wird eine ausreichende Genauigkeit erzielt. Der Verlauf der Sprung-Lambdasonden-Spannung ist im unteren Teil der Abbildung 3.18 dargestellt. Besonders auffällig ist die nahezu konstante Spannung am Anfang des Fahrzyklus bei der Messung. Hier ist die Lambdasonde noch nicht Betriebsbereit. Danach wird das Verhalten durch das Modell gut nachgebildet. Durch das stark nichtlineare Verhalten der Lambdasonde ergeben sich allerdings vereinzelnd größere Abweichungen.

3.7 Zusammenfassung

In dem vorliegenden Kapitel wird der Aufbau, die Funktionsweise und die Modellierung des DWKs, der beiden Lambdasonden und die Situation vor dem DWK erläutert. Das Modell des DWKs in Form von mehreren Zellen ist für den Einsatz auf einem heutigen Standard Personal Computer gedacht. Ohne die Beschränkungen auf wenige Reaktionen und die Aufteilung in mehrere homogene Zellen, würde die Simulationsdauer sehr groß werden. Die Betrachtung der Alterung des DWKs ist über die Sauerstoffspeicherfähigkeit einfach umsetzbar. Durch die Anzahl der Zellen, in die der DWK aufgeteilt wird, kann die Genauigkeit erhöht oder die Simulationsdauer verkürzt werden. In dieser Arbeit besteht der DWK aus 5 Zellen.

Die qualitative Bewertung des Modells im Schubbetrieb und dem anschließenden Katalysator-Ausräumen zeigt ein zur realen Anwendung ähnliches Verhalten bei einem Wechsel des Luft-Kraftstoff-Gemischs. Allerdings ist zu erwähnen, dass zur Vereinfachung das Verhalten zwischen Motor und Breitband-Lambdasonde vernachlässigt wird. Im realen Betrieb kann das Signal der Breitband-Lambdasonde aber auch auf das Luft-Kraftstoff-Gemisch nach dem Motor zurück gerechnet werden.

Der Vergleich zwischen Modell und Messung eines DWKs am Ende seiner Lebensdauer anhand eines neuen europäischen Fahrzyklus (Abgastest) zeigt, dass die Realität durch das Modell gut abgebildet wird.

Die Signalverläufe der beiden Lambdasonden werden gut wiedergegeben. Besonders hervorzuheben ist das Plateau in dem Spannungssignal der Sprung-Lambdasonde am Anfang des Katalysator-Ausräumens und der Endwert der Breitband-Lambdasonde im Schubbetrieb. Der relative Sauerstoff-Füllstand zeigt, dass sich die einzelnen Zellen erst nach und nach füllen. Dadurch sind kurzzeitige Abweichungen des Luft-Kraftstoff-Gemischs nach dem DWK oft nicht messbar. Auch damit wird die Realität gut wiedergegeben. Für die Zustandsüberwachung lässt sich feststellen, dass der Betrieb mit stöchiometrischen Luft-Kraftstoff-Gemisch für eine Zustandsüberwachung nicht geeignet ist. Der Schubbetrieb und das Katalysator-Ausräumen stellen zwei natürliche Anregungen des Sauerstoffspeichers dar und können somit für eine Zustandsüberwachung theoretisch herangezogen werden.

4 Merkmalsgenerierung für dynamische Betriebszustände

Die Anzahl an Komponenten in einem Fahrzeug steigt stetig und damit einhergehend auch die Komplexität des Gesamtsystems. Gründe hierfür sind die gestiegenen Anforderungen an die Sicherheit, die Zuverlässigkeit und die Reduzierung der ausgestoßenen Emissionen. Dazu kommt der Kundenwunsch nach sinkenden Betriebskosten. Die oft noch üblichen signalbasierten Diagnosesysteme stoßen hier immer öfter an ihre Grenzen und können die gegebenen Anforderungen nicht mehr erfüllen. Modellbasierte Verfahren sind hier deutlich leistungsfähiger, doch das benötigte Prozessmodell lässt sich aus wirtschaftlicher Sicht in vielen Fällen nur deutlich vereinfacht oder gar nicht umsetzen. Durch die Vereinfachungen wird die zu erwartende Performanz schlechter.

In der Prozessindustrie werden deshalb immer öfter erfolgreich datenbasierte Diagnosesysteme und Zustandsüberwachungen eingesetzt (Venkatasubramanian u. a., 2003). Aber auch die Anwendung in anderen Bereichen nimmt merklich zu. Hintergrund ist die hohe Komplexität der Systeme, die eine Entwicklung eines Modells zu teuer macht. Außerdem sind historischen Daten für eine datenbasierte Zustandsüberwachung bereits vorhanden oder vergleichsweise einfach zu bekommen. Datenbasierte Verfahren sind so oft ein guter Kompromiss zwischen der Performanz und den Kosten einer Zustandsüberwachung. Allerdings sind datenbasierte Verfahren oftmals auf den Einsatz in stationären Betriebszuständen begrenzt. Bei nichtlinearen Systemen kann die Zustandsüberwachung jedes Betriebszustands unterschiedlich sein.

Zustandsüberwachungen, die in Abhängigkeit von dem aktuellen, stationären Betriebszustand zwischen verschiedenen Datenmodellen umgeschaltet werden, können als Multi-Modell-Zustandsüberwachung bezeichnet werden. Diese bestehen aus einem ereignisdiskreten Subsystem, das den Wechsel der Datenmodelle entsprechend des aktuellen Betriebszustands steuert. Der ereignisdiskrete Teil lässt sich zum Beispiel durch Zustandsautomaten anschaulich darstellen. Außerdem besitzt die Multi-Modell-Zustandsüberwachung einen zeitdiskreten Teil, der aus den Berechnungen der Zustandsüberwachung im aktuellen Betriebszustand besteht. Ein System, das aus miteinander interagierenden, zeitdiskreten und ereignisdiskreten Anteilen besteht, wird üblicherweise als hybrides System bezeichnet. Eine anschauliche Variante der Beschreibung für hybride Systeme, bei denen der zeitdiskrete Anteil von dem aktuellen Betriebszustand abhängt, sind die hybriden Automaten (Lunze und Lamnabhi-Lagarrigue, 2009).

Nicht immer reicht eine Zustandsüberwachung in den stationären Betriebszuständen aus. Grund hierfür sind Fehler, die sich besser oder nur in dynamischen Betriebszuständen detektieren lassen. Beschränkt sich die Zustandsüberwachung auf abrupte Fehler und langsame dynamische Wechsel der Betriebszustände, können adaptive Verfahren für die Zustandsüberwachung eingesetzt werden. Wächst ein Fehler aber langsam, kann dieser nicht mit den adaptiven Verfahren erkannt werden. Ein anderer Ansatz ist die Zustandsüberwachung durch die Kombination der Zustandsüberwachungen für die stationären Betriebszustände, wie in Haghani Abandan Sari (2014). Diese Verfahren gehen jedoch davon aus, dass sich das System im Übergang zwischen zwei stationären Betriebszuständen ähnlich zu den stationären Betriebszuständen verhält und diese Annahme ist nicht immer erfüllt.

In diesem Kapitel wird eine Methode zur Erzeugung von Merkmalen für sich wiederholende dynamische Betriebszustände in nichtlinearen Systemen eingeführt. Ein Beispiel für sich wiederholende dynamische Betriebszustände ist der Wechsel zwischen zwei stationären Betriebszuständen. Es wird vorgeschlagen, diese als eine geringe Anzahl von Objekten zu betrachten. Im einfachsten Fall kann der Betriebszustand als ein Objekt betrachtet werden. Für jedes der Objekte wird eine feste Anzahl an Merkmalen generiert, die zusammengenommen als Merkmalsvektor den dynamischen Betriebszustand vereinfacht beschreiben und ein zustandsabhängiges Muster enthalten. Dadurch wird es möglich, die Dynamik am Ende eines Betriebszustands mit datenbasierten Verfahren zu analysieren. Dabei wird für die Merkmalsgenerierung ein hybrider Zustandsautomat verwendet. Vorteilhaft ist neben dem geringen Ressourcenbedarf im Motorsteuergerät die oftmals noch gegebene gute Interpretierbarkeit, was insbesondere für die Akzeptanz bei den Anwendern ein wichtiger Faktor ist.

Im folgenden Abschnitt wird eine kurze Einführung in die hybriden Systeme und deren Darstellung mit hybriden Automaten gegeben. Im Anschluss erfolgt die Herleitung der Methode zur Generierung der Merkmale. Die Methode wird im Rahmen des dritten Abschnitts an einer Simulationsstudie des DWKs am Beispiel Katalysator-Ausräumen nach einem Schubbetrieb präsentiert und für den Abschluss in der Zusammenfassung aller wichtigen Erkenntnisse noch einmal kurz dargestellt.

4.1 Hybride Zustandsautomaten

Der hybride Zustandsautomat ist ein Verfahren zur Modellierung von hybriden Systemen. Wie eingangs bereits erwähnt, handelt es sich bei hybriden Systemen um Systeme mit einem kontinuierlichen und einem ereignisdiskreten Subsystem, die miteinander agieren. In einem Motorsteuergerät und anderen digitalen Systemen liegt das kontinuierliche Subsystem in zeitdiskreter Form vor. Ein typisches Schema für ein hybrides System ist in Abbildung 4.1 dargestellt. Die Eingangs-, Ausgangs- und Zustandsgrößen können ent-

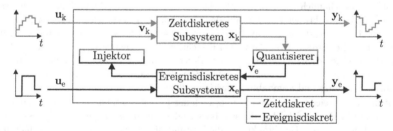

Abbildung 4.1: Schema eines hybriden Systems in Anlehnung an Blanke u. a. (2006)

sprechend der Subsysteme sowohl zeitdiskret u_k, y_k, x_k, als auch ereignisdiskret u_e, y_e, x_e sein. Während das zeitdiskrete Subsystem die Werte nach einer festen Abtastzeit T_s ändert, ist eine Änderung der Werte des ereignisdiskreten Subsystems nur beim Auftreten eines Ereignisses möglich. Verbunden sind die beiden Subsysteme durch den Quantisierer und den Injektor, welche die zeitdiskreten in ereignisdiskrete bzw. die ereignisdiskreten in zeitdiskrete Größen abbilden. Dadurch ergibt sich für das zeitdiskrete Subsystem der zusätzliche Eingangsvektor $\mathbf{v}_k$ und für das ereignisdiskrete der zusätzliche Eingangsvektor $\mathbf{v}_e$.

Eine mathematische Beschreibung des ereignisdiskreten Subsystems in dem zuvor gezeigten hybriden System kann durch

$$\mathbf{x}_e(k_e + 1) = \mathbf{g}_e \left(\mathbf{x}_e(k_e), \mathbf{u}_e(k_e), \mathbf{v}_e(k_e)\right) \qquad (4.1)$$

$$\mathbf{y}_e(k_e) = \mathbf{h}_e \left(\mathbf{x}_e(k_e), \mathbf{u}_e(k_e), \mathbf{v}_e(k_e)\right) \qquad (4.2)$$

gegeben werden, mit k_e dem Auftreten eines Ereignisses, $\mathbf{g}_e(\cdot)$ der Zustandsfunktion und $\mathbf{h}_e(\cdot)$ der Ausgangsfunktion des ereignisdiskreten Subsystems. Eine mathematische Beschreibung des zeitdiskreten Subsystems in dem eben gezeigten hybriden System ist durch

$$\mathbf{x}_k(k_k + 1) = \mathbf{g}_k \left(\mathbf{x}_k(k_k), \mathbf{u}_k(k_k), \mathbf{v}_k(k_k)\right) \qquad (4.3)$$

$$\mathbf{y}_k(k_k) = \mathbf{h}_k \left(\mathbf{x}_k(k_k), \mathbf{u}_k(k_k), \mathbf{v}_k(k_k)\right) \qquad (4.4)$$

gegeben, mit k_k dem Abtastschritt, $\mathbf{g}_k(\cdot)$ der Zustandsfunktion und $\mathbf{h}_k(\cdot)$ der Ausgangsfunktion des zeitdiskreten Systems. Die durch den Injektor und Quantisierer gebildeten zusätzlichen Eingangsvektoren können mit

$$\mathbf{v}_k(k_e) = \mathbf{g}_{v_k} \left(\mathbf{x}_e(k_e)\right) \qquad (4.5)$$

$$\mathbf{v}_e(k_e) = \mathbf{g}_{v_e} \left(\mathbf{x}_k(k_e)\right) \qquad (4.6)$$

beschrieben werden, wobei $\mathbf{g}_{v_k}$ und $\mathbf{g}_{v_e}$ die Übertragungsfunktion des Injektors und Quantisierers sind.

Der hybride Zustandsautomat ist eine Erweiterung des endlichen Zustandsautomaten und dafür gedacht, hybride Systeme anschaulich darzustellen. Dazu wird jeder Automatenzustand mit einem zeitdiskreten Modell verknüpft. Das Schema eines hybriden Zustandsautomaten ist in Abbildung 4.2 gegeben. Das ereignisdiskrete Subsystem wird

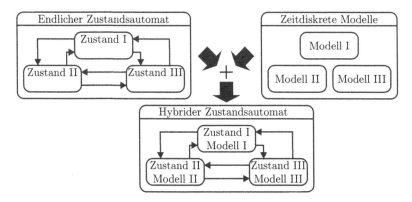

Abbildung 4.2: Vereinigung von einem endlichen Zustandsautomaten und zeitdiskreten Modellen zu einem hybriden Zustandsautomaten

durch einen endlichen Zustandsautomaten beschrieben, der eine endliche Anzahl n an Automatenzuständen $q \in \mathcal{Q}$ beinhaltet. Hierbei ist durch $\mathcal{Q} = \{q_1, \ldots, q_n\}$ die Menge aller Automatenzustände gegeben. Bei dem Zustandsautomaten werden typischerweise zwei Formen unterschieden. Zum einen der Moore-Automat (Moore, 1956), bei dem die ereignisdiskreten Aktionen den Automatenzuständen zugeordnet sind und zum anderen der Mealy-Automat (Mealy, 1955), bei dem die ereignisdiskreten Aktionen den Übergängen zwischen zwei Automatenzuständen zugeordnet sind. Die Übergänge zwischen zwei Automatenzuständen werden üblicherweise als Transitionen bezeichnet. Es ist allerdings immer möglich, einen äquivalenten Zustandsautomaten der anderen Form zu finden. In der Praxis werden oftmals Mischformen aus beiden Zustandsautomaten verwendet, d.h. einige der Aktionen werden durch die Transitionen und andere durch die Automatenzustände ausgelöst. Die Automatenzustände sind durch Transitionen $\Theta \subseteq \mathcal{Q} \times \mathcal{Q}$ verbunden, die bei Erfüllung der Transitionsbedingungen für einen Zustandswechsel sorgen und ggf. den Zustand des zeitdiskreten Subsystems ändern.

Die grafische Darstellung als hybrider Zustandsautomat ist in Abbildung 4.3 beispielhaft dargestellt. Durch einen auf den Automatenzustand q_i zeigenden Pfeil wird eine Transition von einem anderen Automatenzustand in den Automatenzustand q_i gekennzeichnet, wie bei der Transition Θ_{ji}, die von dem Automatenzustand q_j startet. Ein von dem Automatenzustand weggehender Pfeil kennzeichnet eine Transition, die im Automatenzustand q_i beginnt und in einem anderen Automatenzustand endet, wie bei der Transition Θ_{ij}. In den Transitionsbedingungen stehen die Bedingungen, bei denen diese schaltet (z.B. $T > 500\,^{\circ}\mathrm{C}$), wenn der Automatenzustand am Anfang der Transition aktiviert ist. Die Transitionsaktion gibt an, welche Berechnungen beim Schalten der Transition ausgeführt werden (z.B. Pumpe anschalten). Die Eingangsaktion wird einmalig beim Aktivieren des Automatenzustands und die Ausgangsaktion einmalig beim Verlassen des Automatenzustands ausgeführt. Beide sind wie die Transitionsaktion ereignisdiskret und ihre Verwendung hängt davon ab, wann die Aktion ausgeführt werden soll. Die Daueraktion ist die einzige Aktion, die in jedem Abtastschritt ausgeführt wird, in dem der Automatenzustand aktiv ist. In dieser lässt sich ein von dem Automatenzustand abhängiges zeitdiskretes Subsystem ausdrücken.

Abbildung 4.3: Beispiel für den Aufbau eines hybriden Zustandsautomaten

4.2 Methode zur Merkmalsgenerierung

Auf der Basis der im letzten Abschnitt 4.1 beschriebenen hybriden Zustandsautomaten wird im Folgenden ein Verfahren zur Generierung von Merkmalsvektoren entwickelt. Die Merkmalsvektoren sollen das dynamische Verhalten in Form von Merkmalsmustern am Ende des dynamischen Betriebszustands darstellen.

Durch die Merkmalsgenerierung soll eine Zustandsüberwachung von bestimmten dynamischen Betriebszuständen durch eine datenbasierte Zustandsüberwachung ermöglicht werden. Hierfür wird angenommen, dass es bestimmte dynamische Betriebszustände gibt, die häufig im Betrieb auftreten. Diese können auch extra für die Zustandsüberwachung durch einen Eingriff in die Regelungen erzeugt werden, ähnlich wie bei der im Stand der Technik vorgestellten klassischen DWK-Diagnose. Damit eine datenbasierte Auswertung möglich ist, werden die Betriebszustände bei dem Wechsel in den nächsten Betriebszustand durch einen Merkmalsvektor als ein zu bewertendes Objekt dargestellt. Es ist auch eine detailliertere Darstellung durch n Objekte möglich. Eine Zustandsüberwachung bezieht sich dabei immer auf einen speziellen dynamischen Betriebszustand. Für die Zustandsüberwachung von n verschiedenen dynamischen Betriebszuständen werden deswegen auch n unterschiedliche Merkmalsgenerierungen und darauf aufbauende Zustandsüberwachungen gebraucht.

Es ist offensichtlich, dass der Ressourcenbedarf mit jedem dynamischen Betriebszustand wächst. Deswegen ist es oftmals sinnvoll, nicht für alle eine Zustandsüberwachung vorzusehen. Welche dynamischen Betriebszustände mit einer Zustandsüberwachung ausgestattet werden, hängt von mehreren Kriterien ab. Das Offensichtlichste ist die zu erreichende Qualität der darauf aufbauenden Zustandsüberwachung. Ein sehr wichtiger Faktor ist aber auch die Auftrittswahrscheinlichkeit des Betriebszustands. Betriebszustände mit einer geringen Auftrittswahrscheinlichkeit können zu einer langen Verzögerung zwischen dem Auftreten des Fehlers und der Fehlerdetektion führen.

4.2.1 Aufbau

Die Merkmalsgenerierung für dynamische Betriebszustände lässt sich in zwei Schritte unterteilen. Der erste Schritt ist die Aufteilung des Prozessverhaltens in ereignisdiskrete Betriebszustände. Im zweiten Schritt werden Merkmale bestimmt, die den Betriebszustand beschreiben. Aus den gefundenen Merkmalen wird am Ende eines Betriebszustands ein Merkmalsvektor gebildet.

Hierfür werden festgelegte Merkmale für die gesamte Dauer des Betriebszustands erstellt. Diese bilden das Verhalten des Systems während des Betriebszustands in vereinfachter Form ab und erzeugen bei richtiger Wahl ein von dem Zustand des Systems abhängiges Muster. In den seltensten Fällen wird der dynamische Betriebszustand immer unter den gleichen Betriebsbedingungen ausgeführt, dadurch werden die Merkmale für den Zustand der Komponente gestört. Deswegen werden die Einflussgrößen, die den Wert des Merkmals (stärker) verändern, mit in den Merkmalsvektor aufgenommen. Dabei muss für den Einsatz im Motorsteuergerät sehr auf den Ressourcenbedarf geachtet werden. Deswegen werden für die Realisierung im Fahrzeug sehr einfache Merkmale vorgestellt, um den Zustand des Systems zu erfassen. Bei Anwendungen mit mehr Ressourcen können auch komplexere Merkmale im Frequenz- und Zeitbereich verwendet werden. In dieser Arbeit werden die Betriebszustände für die Zustandsüberwachung und die dazu verwendeten Merkmale anhand von Expertenwissen bestimmt. Alternativ sind auch Entwicklungen auf der Basis einer Korrelationsanalyse oder *Clustering*-Verfahren denkbar (Kroll, 1995; Bishop, 2006).

Damit die Betriebszustände für die Merkmalsgenerierung im Motorsteuergerät erkannt werden, müssen Ereignisse definiert werden, die den Anfang und das Ende des Betriebszustands beschreiben. Auch an dieser Stelle kommt Expertenwissen zum Einsatz. Mögliche

Ereignisse sind ein Sollwertwechsel, Unterschreiten oder Überschreiten eines Grenzwertes durch eine Prozessgröße oder die Erfüllung von mehreren Bedingungen in den Prozessgrößen. Auch hier ist der Einsatz von *Clustering*-Verfahren denkbar (Kroll, 1995; Bishop, 2006).

Bei einigen Merkmalen reicht die Berechnung in ereignisdiskreten Zeitpunkten aus, andere müssen zeitdiskret berechnet werden. Das einfachste ereignisdiskrete Merkmal ist der Wert einer Prozessgröße am Anfang oder am Ende eines Betriebszustands. Andere ereignisdiskrete Merkmale werden durch die Prozessgröße am Anfang und am Ende des Betriebszustands berechnet, wie zum Beispiel die Differenz eines Ausgangs des Prozess y_k zwischen Anfang und Ende des Betriebszustands. Für die Ausgangsgröße y_k ist die Differenz durch

$$\Delta y_k \left(k_e + 1 \right) = y_k \left(k_e + 1 \right) - y_k \left(k_e \right) \tag{4.7}$$

beschrieben. Die zeitdiskreten Merkmale werden in jedem Abtastschritt des Betriebszustands berechnet. Ein solches Merkmal kann zum Beispiel der Mittelwert $(\bar{\cdot})$ einer Ausgangsgröße y_k sein, der durch

$$\bar{y}_k \left(k_e + 1 \right) = \frac{1}{n} \sum_{k_k=1}^{n} y_k \left(k_k \right) \tag{4.8}$$

gegeben ist, wobei n die Anzahl der Abtastschritte des Betriebszustands darstellt. Die zuvor beschriebenen Merkmale sind nur eine kleine Auswahl der denkbaren Merkmale und sollen im weiteren Verlauf zeigen, dass solche einfachen Merkmale für eine Zustandsüberwachung von dynamischen Betriebszuständen ausreichen können.

4.2.2 Realisierung

Die Umsetzung des beschriebenen Verfahrens in einem Fahrzeug erfolgt durch einen hybriden Zustandsautomaten. Damit für die zeitdiskreten Merkmale nicht alle Abtastschritte von Anfang bis Ende des Betriebszustands zur Berechnung gespeichert werden müssen, wird eine rekursive Berechnung vorgeschlagen. Dafür ist es notwendig, die Merkmale am Anfang geeignet zu initialisieren. Die Vorgehensweise hierfür ist beispielhaft in Abbildung 4.4 dargestellt. Die Eingangsaktion eignet sich für die Initialisierung der rekursiv

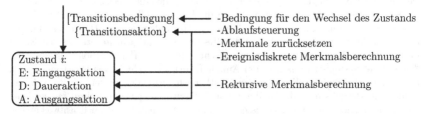

Abbildung 4.4: Verwendung des hybriden Zustandsautomaten für die Generierung der Merkmale des dynamischen Betriebszustands

zu berechnenden Merkmale und für das Ablegen des Anfangswerts, wenn dieser benötigt wird. Die Merkmale sind im Normalfall nur von dem Automatenzustand abhängig und nicht von der Transition, die zum Betreten des Automatenzustands verwendet wird. Die Ausgangsaktion eignet sich für alle Berechnungen der Merkmale, die beim Verlassen des Automatenzustands benötigt werden. Dazu gehören das Erfassen des Endwerts und die Berechnung von Merkmalen aus Anfangs- und Endwert, wie zum Beispiel bei der Differenz einer Prozessgröße. Die Transitionsaktion eignet sich vor allem dann, wenn ein Automatenzustand über verschiedene Transitionen erreicht werden kann und dabei unterschiedliche Aktionen ausgeführt werden sollen. Bezogen auf die Zustandsüberwachung, eignet sie sich für die Aktivierung der Zustandsüberwachung. Ist der Betriebszustand zu stark gestört, wird eine andere Transition für den Austritt verwendet und die Zustandsüberwachung für den vergangenen Betriebszustand wird nicht aktiviert.

Die einzige Aktion, die in jedem Abtastschritt des aktiven Automatenzustands berechnet wird, ist die Daueraktion. Die rekursive Berechnung der zeitdiskreten Merkmale wird durch die Daueraktion umgesetzt. Für die Berechnung des Mittelwerts aus Gl. (4.8) ergibt sich

$$\bar{y}_k \left(k_k + 1 \right) = \bar{y}_k \left(k_k \right) + \frac{1}{k_k + 1} \left(y_k \left(k_k + 1 \right) - \bar{y}_k \left(k_k \right) \right) \tag{4.9}$$

für die rekursive Berechnung, wobei diese am Anfang des Betriebszustands durch

$$k_k = 0 \tag{4.10}$$
$$\bar{y}_k \left(0 \right) = 0 \tag{4.11}$$

mit der Eingangsaktion initialisiert wird.

4.3 Simulationsstudie am Drei-Wege-Katalysator

Die vorgestellte Methode zur Merkmalsgenerierung soll in diesem Abschnitt für die Zustandsüberwachung eines DWKs an dem Beispiel Katalysator-Ausräumen nach einem Schubbetrieb umgesetzt werden. Dazu wird das in dem Kapitel 3 hergeleitete Modell für die Erzeugung der Daten verwendet.

Die Daten für die Simulationsstudie werden durch mehrere einzelne Simulationen erstellt. Dabei wird in jeder Simulation der Schubbetrieb mit anschließendem Katalysator-Ausräumen simuliert. Für die Simulationsstudie wird die Simulation insgesamt 150 000-mal unter verschiedenen Betriebsbedingungen und mit unterschiedlicher Alterung des DWKs durchgeführt. Die wichtigsten Einflussgrößen bilden der Abgasmassenstrom $\dot{m}_A$, das Luft-Kraftstoff-Gemisch λ_{vK} und die Abgastemperatur $\vartheta_{A,vK}$ vor dem DWK. Die simulierten 200 Altersstufen haben eine Sauerstoffspeicherfähigkeit zwischen $m_{O_2} = 0\,mg$ und $m_{O_2} = 1053\,mg$, der Abgasmassenstrom liegt zwischen $\dot{m}_A = 5\,kg/h$ und $\dot{m}_A = 70\,kg/h$, das Luft-Kraftstoff-Gemisch und die Abgastemperatur vor dem DWK liegen zwischen $\lambda_{vK} = 0{,}85$ und $\lambda_{vK} = 0{,}95$ bzw. zwischen $\vartheta_{A,vK} = 520\,°C$ und $\vartheta_{A,vK} = 790\,°C$.

Für die Erzeugung der Daten des Schubbetriebs und des anschließenden Katalysator-Ausräumens wird die in Abbildung 4.5 dargestellte Ablaufsteuerung eingesetzt, wobei die Simulationsdauer $t_{sim} = 150\,s$ beträgt. In der Abbildung 4.5 wird die Eingangsaktion (en:) mit *Entry* bezeichnet, wie es in der für diese Arbeit eingesetzten Software MATLAB® und SIMULINK® mit der *Toolbox Stateflow* üblich ist. Der Ablauf entspricht dem Ablauf eines vereinfachten realen Schubbetriebs. Vor dem Schubbetrieb und nach dem Katalysator-Ausräumen wird im Automatenzustand „Normal" ein stöchiometrisches Luft-

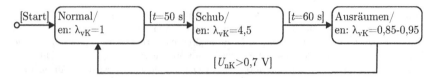

Abbildung 4.5: Ablaufsteuerung des Schubbetriebs und des Katalysator-Ausräumens in der Simulation

Kraftstoff-Gemisch vor dem DWK $\lambda_{vK} = 1$ eingestellt. Während dieses Automatenzustands stellt sich nach längerer Zeit eine konstante Füllung des Sauerstoffspeichers ein. Der genaue Wert hängt unter anderem von dem Alter des DWKs ab. Der Schubbetrieb startet, wie im letzten Kapitel, nach 50 Sekunden durch den Automatenzustand „Schub". Mit $\lambda_{vK} = 4,5$ wird auch der gleiche Sollwert für das Luft-Kraftstoff-Gemisch vor dem DWK vorgegeben. Das Katalysator-Ausräumen startet nach 60 Sekunden mit dem Automatenzustand „Ausräumen" und es wird ein Luft-Kraftstoff-Gemisch vor dem DWK von $\lambda_{vK} = 0,85$ bis $0,95$ eingestellt. Zeigt die Sprung-Lambdasonde nach dem DWK eine Spannung $U_{nK} > 0,7\,\mathrm{V}$, wird zurück in den Automatenzustand „Normal" geschaltet und somit wieder das stöchiometrische Luft-Kraftstoff-Gemisch vor dem DWK $\lambda_{vK} = 1$ eingestellt. Die verwendete Abtastzeit $T_s = 10\,\mathrm{ms}$ entspricht der typischen Abtastzeit von vielen der verwendeten Größen im Fahrzeug (z.B. Luft-Kraftstoff-Gemisch vor dem DWK).

In Abbildung 4.6 ist der entscheidende Ausschnitt einer Simulation mit einer Abgastemperatur und einem Luft-Kraftstoff-Gemisch vor dem DWK von $\vartheta_{A,vK} = 520\,^{\circ}\mathrm{C}$ und $\lambda_{vK} = 0,9$, einem Abgasmassenstrom von $\dot{m}_A = 5\,\mathrm{kg/h}$) und einer Sauerstoffspeicherfähigkeit von $m_{O_2} = 702\,\mathrm{mg}$ gegeben. Im oberen Teil sind der Verlauf des gemessenen

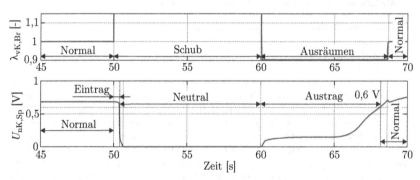

Abbildung 4.6: Vereinfachter Signalverlauf der Breitband-Lambdasonde vor dem DWK $\lambda_{vK,Br}$ und der Sprung-Lambdasonde nach dem DWK $U_{nK,Sp}$ mit einer Unterteilung in Phasen

Luft-Kraftstoff-Gemischs vor dem DWK und die Automatenzustände der Ablaufsteuerung gezeigt. Im unteren Teil der Verlauf der Spannung einer Sprung-Lambdasonde nach dem DWK und die Automatenzustände, die für den hybriden Zustandsautomaten der Zustandsüberwachung interessant sind.

Für die Zustandsüberwachung nicht geeignet sind der Automatenzustand „Normal" der Ablaufsteuerung und große Teile des Schubbetriebs, da die Spannung der Sprung-

Lambdasonde weitestgehend konstant ist. Diese werden im Zustandsautomaten der Merkmalsgenerierung durch den Automatenzustand „Normal" und „Neutral" abgebildet, wobei der Automatenzustand „Neutral" den hinteren Teil des Schubbetriebs umfasst und der Merkmalsgenerierung einen komplett gefüllten Sauerstoffspeicher signalisiert. Der hintere Teil des Katalysator-Ausräumens zeigt zwar Auswirkungen in der Spannung der Sprung-Lambdasonde nach dem DWK, wird aber an dieser Stelle nicht beachtet und in der Merkmalsgenerierung dem Automatenzustand „Normal" zugeordnet.

Der Automatenzustand „Eintrag" ist die Phase des Schubbetriebs zwischen dem Anfang des Schubbetriebs und dem Spannungssprung der Sprung-Lambdasonde nach dem DWK. Da der hier gezeigte DWK schon die Hälfte seiner Sauerstoffspeicherfähigkeit eingebüßt hat, wird der negative Spannungssprung der Sprung-Lambdasonde nach dem DWK schon nach wenigen Millisekunden bei $t \approx 50,5\,\mathrm{s}$ ausgelöst. Zu diesem Zeitpunkt ist der Sauerstoffspeicher schon gut gefüllt.

Nach dem Schubbetrieb $t = 60\,\mathrm{s}$ ist der Sauerstoffspeicher komplett gefüllt. Durch das fette Luft-Kraftstoff-Gemisch vor dem DWK $\lambda_{\mathrm{vK}} < 1$ wird der Sauerstoff aus dem Sauerstoffspeicher ausgetragen. Der Automatenzustand „Austrag" beschreibt den Teil des Katalysator-Ausräumens zwischen Anfang des Katalysator-Ausräumens $t = 60\,\mathrm{s}$ und Überschreiten eines Grenzwerts durch die Spannung der Sprung-Lambdasonde hinter dem DWK $U_{\mathrm{nK,Sp}} > 0,6\,\mathrm{V}$ bei etwa $t = 68$ Sekunden.

In der Abbildung 3.17 ist zu sehen, dass die Dauer des Sauerstoffeintrags und des Sauerstoffaustrags von der Sauerstoffspeicherfähigkeit (dem Zustand) des aktuellen DWKs abhängt. Zusätzliche Einflüsse, wie der Abgasmassenstrom $\dot m_{\mathrm{A}}$, das Luft-Kraftstoff-Gemisch vor dem DWK λ_{vK} und die Abgastemperatur vor dem DWK $\vartheta_{\mathrm{A,vK}}$, haben ebenfalls Auswirkungen auf die Dauer der Betriebszustände und verfälschen das Ergebnis. Diese können allerdings gemessen oder geschätzt werden und können als Mittelwert berücksichtigt werden. Beim Sauerstoffeintrag ist der relative Sauerstoff-Füllstand eine zusätzliche Einflussgröße, welche nicht gemessen werden und auch nicht hinreichend genau geschätzt werden kann. Die Dauer des Automatenzustands „Eintrag" ist sehr kurz und deshalb auch anfällig für Störungen. Deswegen wird im weiteren Verlauf als Beispiel der Automatenzustand „Austrag" des Katalysator-Ausräumens verwendet. Der Merkmalsvektor für den Automatenzustand „Austrag" kann mit

$$\mathbf{m} = \begin{bmatrix} \Delta t & \bar{\dot m}_{\mathrm{A}} & \bar{\lambda}_{\mathrm{vK}} \end{bmatrix}^{\mathrm{T}} \tag{4.12}$$

beschrieben werden, wobei die Abgastemperatur nicht aufgenommen wird. Die Auswirkungen oberhalb einer bestimmten Temperatur sind relativ klein.

Der für die Merkmalsgenerierung entwickelte hybride Zustandsautomat ist in Abbildung 4.7 dargestellt, wobei die Ausgangs- (ex:) und Daueraktionen (du:), wie in der *Toolbox Stateflow* üblich, mit *Exit*- und *Duration*-Aktion bezeichnet werden. Beim Start der Simulation stellt die Ablaufsteuerung (Abbildung 4.5) mit $\lambda_{\mathrm{vK}} = 1$ ein stöchiometrisches Luft-Kraftstoff-Gemisch vor dem DWK ein und die Merkmalsgenerierung befindet sich in dem Automatenzustand „Normalbetrieb". Wenn die Ablaufsteuerung nach 50 Sekunden in den Schubbetrieb schaltet und nur kurze Zeit später der Sauerstoffspeicher gefüllt ist und deswegen die Spannung der Sprung-Lambdasonde nach dem DWK kleiner als $U_{\mathrm{nK}} < 0,15$ wird, wechselt der Automat in den Automatenzustand „Neutral".

Der Automatenzustand symbolisiert den Teil des Schubbetriebs, in dem der Sauerstoffspeicher nahezu komplett gefüllt ist und deswegen für eine Diagnose nicht gut ver-

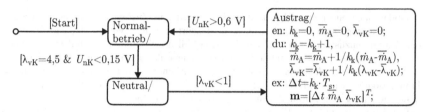

Abbildung 4.7: Hybrider Zustandsautomat der Merkmalsgenerierung für die Drei-Wege-Katalysator Zustandsüberwachung

wendet werden kann. Nach $t = 60\,\text{s}$ wird der Schubbetrieb durch die Ablaufsteuerung beendet, das Katalysator-Ausräumen aktiviert und ein fettes Luft-Kraftstoff-Gemisch vor dem DWK von $\lambda_{\text{vK}} = 0{,}85$, $\lambda_{\text{vK}} = 0{,}9$ oder $\lambda_{\text{vK}} = 0{,}95$ eingestellt. Hierdurch wechselt die Merkmalsgenerierung in den Automatenzustand „Austrag".

Bei der Aktivierung des Automatenzustands „Austrag" werden der Zähler und die Mittelwerte des Abgasmassenstroms und des Luft-Kraftstoff-Gemischs vor dem DWK mit

$$k_{\text{k}} = 0, \tag{4.13}$$

$$\bar{\dot{m}}_{\text{A}} = 0 \tag{4.14}$$

$$\bar{\lambda}_{\text{vK}} = 0 \tag{4.15}$$

durch die *Entry*-Funktion (en) zurückgesetzt. In jedem Abtastschritt mit aktivem Automatenzustand „Austrag" werden durch die *Duration*-Funktion (du) die Merkmale mit den Gleichungen

$$\bar{\dot{m}}_{\text{A}}\,(k_{\text{k}} + 1) = \bar{\dot{m}}_{\text{A}}\,(k_{\text{k}}) + \frac{1}{k_{\text{k}} + 1}\left(\dot{m}_{\text{A}}\,(k_{\text{k}} + 1) - \bar{\dot{m}}_{\text{A}}\,(k_{\text{k}})\right) \tag{4.16}$$

$$\bar{\lambda}_{\text{vK}}\,(k_{\text{k}} + 1) = \bar{\lambda}_{\text{vK}}\,(k_{\text{k}}) + \frac{1}{k_{\text{k}} + 1}\left(\lambda_{\text{vK}}\,(k_{\text{k}} + 1) - \bar{\lambda}_{\text{vK}}\,(k_{\text{k}})\right) \tag{4.17}$$

$$k_{\text{k}} = k_{\text{k}} + 1 \tag{4.18}$$

rekursiv berechnet. Wird der positive Spannungssprung der Sprung-Lambdasonde nach dem DWK durch $U_{\text{nK,Sp}} > 0{,}6$ detektiert, berechnet die *Exit*-Funktion (ex) die Dauer des Automatenzustands mit

$$\Delta t = k_{\text{k}} T_{\text{s}} = k_{\text{k}}\,0{,}01\,\text{s}. \tag{4.19}$$

Außerdem wird wieder in den Automatenzustand „Normal" umgeschaltet.

Für eine verbesserte Anschaulichkeit werden in diesem und vielen der folgenden Kapitel die Abgastemperatur und das Luft-Kraftstoff-Gemisch vor dem DWK mit $\vartheta_{\text{A,vK}} = 520\,^{\circ}\text{C}$ und $\lambda_{\text{vK}} = 0{,}85$ konstant gehalten. Dadurch entfällt der Mittelwert des Luft-Kraftstoff-Gemischs vor dem DWK in dem vereinfachten Problem und der Merkmalsvektor ist durch

$$\mathbf{m} = \begin{bmatrix} \Delta t & \bar{\dot{m}}_{\text{A}} \end{bmatrix}^{\text{T}} \tag{4.20}$$

gegeben. Somit entfallen auch die Gl. (4.15) und (4.17).

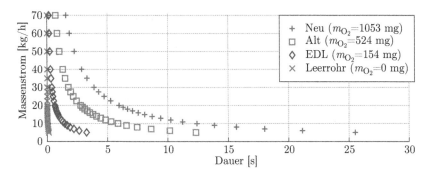

Abbildung 4.8: Ergebnisse des Sauerstoffaustrags für ein vereinfachtes Problem mit $\lambda_{vK} = 0,85$ und $\vartheta_{A,vK} = 520\,°C$

Das Ergebnis der Merkmalsgenerierung des Automatenzustands „Austrag" für das vereinfachte Problem, ist in Abbildung 4.8 für vier Altersstufen des DWKs dargestellt. Die Altersstufen sind der neue ($m_{O_2} = 1053\,mg$), alte ($m_{O_2} = 524\,mg$) und EDL-DWK ($m_{O_2} = 154\,mg$), sowie ein Leerrohr ($m_{O_2} = 0\,mg$). Es ist offensichtlich, dass die beiden einfachen Merkmale in der Lage sind, ein von der Alterung abhängiges Muster für den Automatenzustand „Austrag" zu bilden. Alle vier Altersstufen überschneiden sich nicht und somit gibt es immer eine nichtlineare Linie, die zwei benachbarte Altersstufen voneinander trennt. Für die Fehlerdetektion müssen der EDL-DWK und das Leerrohr von dem alten und dem neuen DWK getrennt werden.

4.4 Zusammenfassung

In diesem Kapitel wird ein Verfahren zur Generierung eines ereignisdiskreten Merkmalsvektors für die datenbasierte Zustandsüberwachung von dynamischen sich wiederholenden Betriebszuständen vorgestellt. Umgesetzt wird dieses mit einem hybriden Zustandsautomaten und rekursiver Berechnung von Merkmalen (z.B. Differenz, Mittelwert). Der Merkmalsvektor erzeugt ein Muster, das Informationen über die Zustandsänderung einer Komponente enthält. Das dynamische Verhalten wird dabei sehr einfach dargestellt, wodurch das Verfahren die Forderungen nach minimalem Ressourcenbedarf für eine Zustandsüberwachung im Fahrzeug erfüllt und somit den Anforderungen heutiger Motorsteuergeräte Genüge trägt.

Vorteilhaft an dem Verfahren ist die Einfachheit, durch die ein minimaler Ressourcenbedarf erreicht wird. Außerdem wird eine datenbasierte Zustandsüberwachung für dynamische Betriebszustände ermöglicht und das Verfahren eignet sich für eine aktive und passive Zustandsüberwachung, da die Zustandsüberwachung mit extra für die Zustandsüberwachung erzeugten Betriebszuständen und Betriebszuständen aus dem normalen Betrieb funktioniert. Bei längeren Betriebszuständen ist der Einfluss von Sensorrauschen oftmals geringer, da die Merkmale aus vielen Abtastschritten erzeugt werden. Das Problem von unterschiedlichen Abtastraten kann dann auch vernachlässigt werden.

Die Simulationsstudie anhand des DWKs demonstriert die Wirksamkeit des Verfahrens für die Zustandsüberwachung eines DWK anhand des Katalysator-Ausräumens. Es ist zu sehen, dass es möglich ist, den akzeptablen von dem inakzeptablen DWK anhand der Merkmale zu Unterscheiden.

Das Verfahren zur ereignisdiskreten Merkmalsgenerierung für eine Zustandsüberwachung bei sich wiederholenden dynamischen Betriebszuständen ist auch für andere dynamische Betriebszustände der Zustandsüberwachung eines DWKs geeignet. Zum Beispiel können die Anregung der klassischen OBD mit dem Verfahren ausgewertet werden sowie auch der kurz diskutierte Automatenzustand „Eintrag". Auch für den Einsatz außerhalb des Fahrzeugs ist das gezeigte Verfahren geeignet. Je nach Anwendungsgebiet ergibt sich die Möglichkeit, kompliziertere und rechenintensivere Merkmale zu verwenden.

Nicht selten ist die Steuerung der Betriebszustände in Form von Zustandsautomaten als Ablaufsteuerung umgesetzt. Durch Hinzufügen von zusätzlichen Automatenzuständen und der Berechnung der Merkmale, kann das vorgestellte Verfahren in die bestehende Ablaufsteuerung integriert werden. Besonders im Zusammenhang mit der aktiven Zustandsüberwachung, kann der Zustandsautomat mit Ablaufsteuerung und Merkmalsgenerierung eine übersichtliche Darstellung der gesamten Zustandsüberwachung liefern und den Ressourcenbedarf senken.

Ähnliches ist mit einer bestehenden, datenbasierten Zustandsüberwachung für die stationären Betriebszustände möglich. Durch Hinzufügen der Automatenzustände für die ausgewählten dynamischen Betriebszustände wird das vorgestellte Verfahren integriert. Das Verfahren kann also zur Erweiterung einer bestehenden Zustandsüberwachung für stationäre Betriebszustände eingesetzt werden.

5 Zwei-Klassen-Support Vector Machine basierte Fehlerdetektion

Die Zwei-Klassen-*Support Vector Machine* (2K-SVM) bezeichnet ein vergleichsweise neues Verfahren aus der Mustererkennung. Es kann zu den Verfahren des maschinellen Lernens zugeordnet werden und wurde von Boser, Guyon und Vapnik (1992) entwickelt. Die 2K-SVM besteht aus eine Trainingsphase und dem späteren Einsatz zur Klassifikation von Merkmalsvektoren in zwei Klassen. In der Trainingsphase wird das in den Trainingsdaten vorhandene Wissen über die Klassen in eine Trennfläche transformiert, die zwischen den Klassen platziert ist und einen möglichst großen Abstand zu diesen hat. Anfangs wurde die 2K-SVM vor allem in der Informatik zur Unterscheidung von unterschiedlichen Klassen verwendet, zum Beispiel für die Erkennung von handgeschriebenen Zahlen (Cortes und Vapnik, 1995) oder von Gesichtern (Osuna, Freund und Girosi, 1997). In Pontil und Verri (1998) werden die Eigenschaften der 2K-SVM untersucht, welche zu einem großen Interesse der Industrie und Wissenschaft im Bereich der Fehlerdiagnose geführt haben (Widodo und Yang, 2007). Besonders die folgenden Eigenschaften haben zu dem Erfolg der 2K-SVM beigetragen.

Konvexität: Durch die Konvexität des im Training zu lösenden Optimierungsproblems der SVM entspricht ein lokales Minimum auch immer dem globalen Minimum.

Generalisierbarkeit: Die hohe Generalisierbarkeit resultiert in einem vergleichsweise geringen Bedarf an Trainingsdaten und einer geringen Gefahr der Überanpassung (engl. *Overfitting*) an die Trainingsdaten.

Nichtlinearität: Die SVM erlaubt eine vergleichsweise einfache Behandlung von nichtlinearen Entscheidungsschwellen mit dem *Kernel*-Trick.

Insgesamt ist festzuhalten, dass die SVM durch ihre Eigenschaften befähigt ist, mit einer vergleichsweise geringen Anzahl an Merkmalsvektoren im Training eine gute Performanz der Klassifikation zu erzielen. Insbesondere der geringe Bedarf an Merkmalsvektoren im Training ermöglicht erst eine sinnvolle wirtschaftliche Anwendung in Fahrzeugen. Hintergrund ist die zumeist mit einem größeren Aufwand verbundene Erstellung der Trainingsdaten. Beispiele für den Einsatz von einer SVM im Fahrzeug sind die Überwachung des Getriebes (Samanta, 2004), des Rotors eines Turboladers (Yuan und Chu, 2006), des Motors (Dejun u. a., 2011) und des DWKs (Kumar, Makki und Filev, 2014). Neben der direkten Anwendung wird auch die Reduzierung der im Steuergerät benötigten Ressourcen untersucht (Anguita u. a., 2007).

Viele der bisherigen Veröffentlichungen konzentrieren sich auf die Detektion von abrupten Fehlern, für die mit der 2K-SVM eine gute Performanz erreicht werden kann. Alternativ wird davon ausgegangen, dass im Training das System mit starker Ausprägung der Vorstufe des Fehlers verfügbar ist und dadurch eine gute Performanz erreicht wird, wie in Kumar, Makki und Filev (2014). In Fahrzeugen ist das Erstellen von Trainingsdaten, wie zuvor erwähnt, allerdings mit zusätzlichem Aufwand verbunden und dieser soll minimiert werden. Bei dem Training einer Fehlerdetektion zum Einsatz im Fahrzeug müssen die Trainingsdaten zum Beispiel durch zusätzliche Fahrten oder Messungen am Prüfstand erzeugt werden. Außerdem ist die Verfügbarkeit des Systems mit großer Vorstufe des Fehlers im Training oftmals nicht gegeben.

In Abbildung 5.1 ist ein vereinfachtes Beispiel für das Training mit einem System mit großer Vorstufe des Fehlers und dem EDL-System auf der linken Seite und für das Training mit dem System ohne Vorstufe des Fehlers (Neu) und dem EDL-System auf der rechten Seite dargestellt. Es ist zu sehen, dass die Trennlinie durch das Fehlen des Systems mit

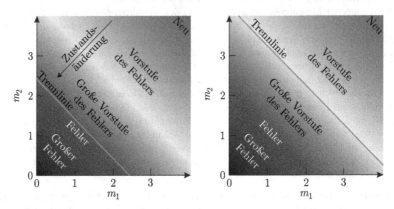

Abbildung 5.1: Beispiel für die Trennlinie eine 2K-SVM mit Trainingsdaten des Systems mit großer (links) oder keiner (rechts) Vorstufe des Fehlers und dem EDL-System

großer Vorstufe des Fehlers auf der rechten Seite näher am neuen System liegt. Dadurch wird schon bei einer kleineren Zustandsänderung als die des Fehlers, ein Fehler detektiert. In dem Beispiel wird auf der rechten Seite die große Vorstufe des Fehlers fälschlicherweise komplett schon als fehlerhaft gewertet. Dadurch wird klar, dass die Performanz stark von der Größe der Vorstufe des Fehlers bei dem akzeptablen System im Training abhängt. Mit einer großen Vorstufe des Fehlers ist eine bessere Performanz zu erwarten, da die Daten näher an denen des Systems mit einem Fehler liegen.

In diesem Kapitel soll mit der Fehlerdetektion-Zwei-Klassen-*Support Vector Machine* (FD-2K-SVM) (Louen, Ding und Kandler, 2013; Louen und Ding, 2014) ein Verfahren zur Detektion von driftenden Fehlern vorgestellt werden. Die Trainingsdaten einer großen Vorstufe des Fehlers sind oftmals nicht verfügbar oder mit zusätzlichen Kosten verbunden. Deswegen wird ein Verfahren vorgestellt, das mit Trainingsdaten ohne oder mit nur kleiner Vorstufe des Fehlers für die akzeptable Klasse und Trainingsdaten des EDL-Systems für die inakzeptable Klasse eine gute Performanz erzielen kann. Erreicht wird die Verbesserung der Performanz durch eine neue Modifikation des Optimierungsproblems der 2K-SVM.

Begonnen wird im nächsten Abschnitt mit den Grundlagen der 2K-SVM. Hierbei wird auf den *Max Margin* und *Soft Margin* Ansatz der 2K-SVM eingegangen. Es folgt die Erläuterung des *Kernel*-Tricks, der die 2K-SVM befähigt, nichtlineare Trennflächen zu verwenden. Beide Abschnitte basieren auf den Erkenntnissen der Arbeiten von Cristianini und Shawe-Taylor (2000) und Bishop (2006), in denen sich auch weiterführende Erläuterungen zu beiden Themen befinden. Basierend auf den Erkenntnissen, wird das in dieser Arbeit neue Verfahren im dritten Teil hergeleitet und im vierten als Simulationsstudie am DWK angewendet. Zum Schluss wird in der Zusammenfassung ein Überblick über die wichtigsten Ergebnisse des Kapitels gegeben.

5.1 Zwei-Klassen-Support Vector Maschine

Die 2K-SVM unterscheidet zwei Klassen, indem anhand einer Menge von n_t Merkmalsvektoren in einem Training eine optimale Trennfläche gefunden wird. Die optimale Trennfläche ist die Hyperfläche, die beide Klassen voneinander trennt und den maximalen Abstand zu beiden hat. Neue Merkmalsvektoren werden durch ihre Lage relativ zu der Trennfläche einer der beiden Klassen zugeordnet. Beschrieben wird die Trennfläche auf Basis einer Teilmenge der Merkmalsvektoren im Training, den so genannten Stützvektoren (engl. *Support Vectors*). Die Stützvektoren sind dabei die Merkmalsvektoren der beiden Klassen, die der anderen Klasse am nächsten sind und deshalb die Klassengrenze bestimmen. Die Trennfläche wird dabei durch einen Gewichtungsvektor $\mathbf{w} = (w_1, \ldots, w_l)^{\mathrm{T}}$ und dem Grenzwert ρ dargestellt. Hierbei ist l die Anzahl der Merkmale in einem Merkmalsvektor $\mathbf{m}_i \in \mathbb{R}^l$. Der Gewichtungsvektor $\mathbf{w}$ beschreibt dabei die Form der Hyperfläche. Der Grenzwert ρ bewirkt eine parallele Verschiebung der Hyperfläche zu der Hyperfläche mit der gleichen Form durch den Ursprung.

Die *Max Margin* SVM setzt dabei voraus, dass alle Merkmalsvektoren $\mathbf{m}_i$ einer Klasse hinter den Klassengrenzen

$$c_i \left(\mathbf{w}^{\mathrm{T}} \mathbf{m}_i - \rho \right) = 1 \tag{5.1}$$

liegen. Dabei ist $c_i \in \{-1, 1\}$ die Zuordnung des Merkmalsvektors $\mathbf{m}_i$ zu der korrespondierenden Klasse. Dadurch wird das Ergebnis durch Messrauschen und vereinzelte Störungen, die eine Verschiebung des Merkmalsvektors in Richtung der anderen Klasse bewirken, stark beeinflusst. Im Falle einer Überschneidung der beiden Klassen kann keine Lösung des Problems gefunden werden. In realen Problemen kann ein Training frei von Störungen oftmals nicht garantiert werden. In Abbildung 5.2 ist ein Beispiel für die *Soft Margin* SVM mit zwei Ausreißern dargestellt. Anhand der zusätzlich eingezeichneten Trennlinie, der *Max Margin* SVM, ohne Berücksichtigung des Ausreißers der Klasse Zwei $c_i = -1$ ist ersichtlich, dass der Ausreißer der Klasse Eins $c_i = 1$ die Trennlinie fälschlicherweise in Richtung der Klasse Zwei verschiebt. Der Ausreißer von Klasse Zwei macht eine Trennung durch die *Max Margin* SVM unmöglich. Die abgebildete Trennlinie wird durch die *Soft Margin* SVM berechnet. Die *Soft Margin* SVM ermöglicht es einigen Merkmalsvektoren, im Training auf der falschen Seite der Klassengrenze aus Gl. (5.1) zu liegen und somit wird das Ergebnis nicht so stark verfälscht. Das zur *Soft Margin* erweiterte *Max Margin* Optimierungsproblem ist gegeben durch

$$\underset{\mathbf{w}, \rho, \xi}{\arg\min} \quad \frac{1}{2} \|\mathbf{w}\|^2 + \frac{1}{\nu n_t} \sum_{i \in \mathcal{T}} \xi_i \tag{5.2}$$

$$\text{sodass} \quad c_i \left(\mathbf{w}^{\mathrm{T}} \mathbf{m}_i - \rho \right) \geq 1 - \xi_i, \ \forall i \in \mathcal{T} \tag{5.3}$$

$$\xi_i \geq 0, \ \forall i \in \mathcal{T}, \tag{5.4}$$

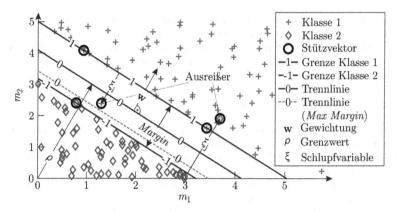

Abbildung 5.2: *Soft Margin* Zwei-Klassen-*Support Vector Machine*

wobei $\mathcal{T} = 1, \ldots, n_t$ die Menge aller Indizes der Merkmalsvektoren im Training und ξ_i die so genannten Schlupfvariablen sind. Bei den Merkmalsvektoren $\mathbf{m}_i$ von den Ausreißern ist die Schlupfvariable $\xi_i > 0$ und für die anderen Merkmalsvektoren $\mathbf{m}_i$ ist die Schlupfvariable $\xi_i = 0$. Durch die Schlupfvariablen gehen die Ausreißer und ihre Größe in das Optimierungsproblem ein und werden bestraft. Der maximale Anteil der Ausreißer und daraus resultierend die Höhe der Bestrafung, wird durch den Parameter ν eingestellt. Die *Max Margin* SVM lässt sich als eine *Soft Margin* SVM darstellen, indem der Parameter $\nu = 0$ gewählt wird. Daraus resultiert ein Optimierungsproblem, in dem die Merkmalsvektoren auf der falschen Seite der Klassengrenze mit unendlich eingehen und somit nicht zugelassen sind. Das in den Gl. (5.2), (5.3) und (5.4) gegebene primäre Problem kann durch das korrespondierende Lagrange Problem

$$L\left(\mathbf{w}, \rho, \boldsymbol{\xi}, \boldsymbol{\alpha}, \boldsymbol{\mu}\right) = \frac{1}{2} \|\mathbf{w}\|^2 + \frac{1}{\nu n_t} \sum_{i \in \mathcal{T}} \xi_i$$
$$- \sum_{i \in \mathcal{T}} \alpha_i \left(c_i \left(\mathbf{w}^{\mathsf{T}} \mathbf{m}_i - \rho\right) - 1 + \xi_i\right) - \sum_{i \in \mathcal{T}} \mu_i \xi_i \qquad (5.5)$$

ersetzt werden, wobei $\alpha_i \geq 0$ und $\mu_i \geq 0$ die Lagrange Multiplikatoren sind. Das Lagrange Problem kann in ein duales Problem überführt werden, das einfacher zu lösen ist als das durch die Gl. (5.2), (5.3) und (5.4) gegebene primäre Problem. Dafür wird die partielle Ableitung des Lagrange Problems aus Gl. (5.5) in Bezug auf den Gewichtungsvektor $\mathbf{w}$, den Grenzwert ρ und den Schlupfvariablenvektor $\boldsymbol{\xi}$ gebildet und gleich Null gesetzt. Dadurch ergeben sich die Gleichungen

$$0 = \frac{\partial L}{\partial \mathbf{w}} = \mathbf{w} - \sum_{i \in \mathcal{T}} \alpha_i c_i \mathbf{m}_i \Rightarrow \mathbf{w} = \sum_{i \in \mathcal{T}} \alpha_i c_i \mathbf{m}_i \qquad (5.6)$$

$$0 = \frac{\partial L}{\partial \rho} = \sum_{i \in \mathcal{T}} \alpha_i c_i \Rightarrow \sum_{i \in \mathcal{T}} \alpha_i c_i = 0 \qquad (5.7)$$

$$0 = \frac{\partial L}{\partial \xi_i} = \frac{1}{\nu n_t} - \alpha_i - \mu_i \Rightarrow \alpha_i = \frac{1}{\nu n_t} - \mu_i \leq \frac{1}{\nu n_t}. \qquad (5.8)$$

Durch Wiedereinsetzen der Ergebnisse aus den partiellen Ableitungen in das Lagrange Problem Gl. (5.5), wird die Gleichung

$$
L\left(\mathbf{w}, \rho, \boldsymbol{\xi}, \boldsymbol{\alpha}, \boldsymbol{\mu}\right) = \overbrace{\frac{1}{2}\|\mathbf{w}\|^2 - \sum_{i \in \mathcal{T}} \alpha_i c_i \mathbf{w}^{\mathrm{T}} \mathbf{m}_i}^{-\frac{1}{2}\sum_{i,j \in \mathcal{T}} \alpha_i \alpha_j c_i c_j \mathbf{m}_i^{\mathrm{T}} \mathbf{m}_j \quad \text{Gl.(5.6)}} + \sum_{i \in \mathcal{T}} \alpha_i
$$
$$
+ \underbrace{\frac{1}{\nu n_{\mathrm{t}}} \sum_{i \in \mathcal{T}} \xi_i - \sum_{i \in \mathcal{T}} \mu_i \xi_i - \sum_{i \in \mathcal{T}} \alpha_i \xi_i}_{=0 \ \text{Gl.(5.8)}} + \rho \underbrace{\sum_{i \in \mathcal{T}} \alpha_i c_i}_{=0 \ \text{Gl.(5.7)}} \tag{5.9}
$$

gewonnen. Daraus abgeleitet ist das duale Problem mit

$$
\underset{\boldsymbol{\alpha}}{\arg\max} \quad \sum_{i \in \mathcal{T}} \alpha_i - \frac{1}{2} \sum_{i,j \in \mathcal{T}} \alpha_i \alpha_j c_i c_j \mathbf{m}_i^{\mathrm{T}} \mathbf{m}_j \tag{5.10}
$$

$$
\text{sodass} \quad \sum_{i \in \mathcal{T}} \alpha_i c_i = 0 \tag{5.11}
$$

$$
0 \leq \alpha_i \leq \frac{1}{\nu n_{\mathrm{t}}}, \ \forall i \in \mathcal{T} \tag{5.12}
$$

gegeben. Das duale Optimierungsproblem ist nur noch von den Lagrange Multiplikatoren $\boldsymbol{\alpha}$ abhängig und auch die Nebenbedingungen Gl. (5.3) und (5.4) haben sich vereinfacht. Der Gewichtungsvektor

$$
\mathbf{w} = \sum_{i \in \mathcal{T}} \alpha_i c_i \mathbf{m}_i = \sum_{i \in \mathcal{SV}} \alpha_i c_i \mathbf{m}_i, \ \mathcal{SV} = \left\{ i \middle| 0 < \alpha_i \leq \frac{1}{\nu n_{\mathrm{t}}} \right\} \tag{5.13}
$$

kann direkt aus der Ableitung des Lagrange Problems Gl. (5.6) berechnet werden und der Grenzwert

$$
\rho = -\left(c_i - \mathbf{w}^{\mathrm{T}} \mathbf{m}_i\right) \forall i \in \mathcal{SV}_0, \ \mathcal{SV}_0 = \left\{ i \middle| 0 < \alpha_i < \frac{1}{\nu n_{\mathrm{t}}} \right\} \tag{5.14}
$$

aus dem primären Problem, wobei $\mathcal{SV}$ und $\mathcal{SV}_0$ die Menge der Indizes aller Stützvektoren mit und ohne Ausreißer sind. Stützvektoren mit $\alpha_i = \frac{1}{\nu n_{\mathrm{t}}}$ sind Ausreißer und liegen nicht auf den Klassengrenzen. Deshalb können sie nicht für die Berechnung von ρ verwendet werden. Da durch die numerische Berechnung kleinere Fehler entstehen, wird oftmals der Mittelwert aller Stützvektoren auf den Klassengrenzen benutzt, der sich durch

$$
\rho = -\frac{1}{n_{\mathrm{sv}}} \sum_{i \in \mathcal{SV}_0} \left(c_i - \mathbf{w}^{\mathrm{T}} \mathbf{m}_i\right) \tag{5.15}
$$

berechnen lässt, wobei n_{sv} die Anzahl aller Stützvektoren ohne die Ausreißer ist. Unter Verwendung der vorangegangenen Ergebnisse, wird die korrespondierende Klasse eines neuen Messpunkts durch die Entscheidungsregel

$$
\hat{c}_i = \mathrm{sgn}\left(\mathbf{w}^{\mathrm{T}} \mathbf{m}_i - \rho\right) = \begin{cases} -1 & , \text{wenn } \mathbf{w}^{\mathrm{T}} \mathbf{m}_i < \rho \\ 1 & , \text{wenn } \mathbf{w}^{\mathrm{T}} \mathbf{m}_i \geq \rho \end{cases} \tag{5.16}
$$

bestimmt, wobei sgn (d) für die Signumfunktion steht, deren Ausgang $\hat{c}_i = 1$ für $d_i \geq 0$
und $\hat{c}_i = -1$ für $d_i < 0$ ist. Daraus folgt, dass alle Datenpunkte mit $\hat{c}_i = 1$ der Klasse Eins
$c_i = 1$ und alle Datenpunkte mit $\hat{c}_i = -1$ der Klasse Zwei $c_i = -1$ zugeordnet werden.
Bisher wurden nur lineare Hyperflächen (Hyperebenen) für die Trennung der Klassen
betrachtet. In vielen Fällen ist eine optimale Trennung nur durch eine nichtlineare Trennfläche zu erreichen. Ein effizienter Weg für alle Verfahren, bei denen die Optimierung
vom Skalarprodukt der Merkmalsvektoren abhängt, ist der Einsatz der *Kernel*-Funktion
$\mathbf{K}(\cdot, \cdot)$. Diese vollzieht eine implizite Transformation in einen gleich- oder höherdimensionalen Raum, in dem die Klassen wieder durch eine lineare Hyperfläche trennbar sind.
Dadurch ändern sich die Optimierungen aus Gl. (5.10) zu

$$\arg\max_{\alpha} \quad \sum_{i \in \mathcal{T}} \alpha_i - \frac{1}{2} \sum_{i,j \in \mathcal{T}} \alpha_i \alpha_j c_i c_j \mathbf{K}(\mathbf{m}_i, \mathbf{m}_j), \qquad (5.17)$$

wobei die Nebenbedingungen aus Gl. (5.11) und (5.12) unverändert bleiben.

5.2 Kernel-Trick

Der *Kernel*-Trick ermöglicht eine einfache, nichtlineare Erweiterung von vielen bekann-
ten linearen Verfahren. Er ist immer dann anwendbar, wenn die Optimierung durch das
Skalarprodukt der Merkmalsvektoren gegeben ist, wie z.b. bei der SVM und der *Principle Component Analysis* (Shawe-Taylor und Cristianini, 2004; Bishop, 2006; Zhang, 2009;
Aldrich und Auret, 2013).

Eine nichtlineare Hyperfläche kann durch eine Transformation $\boldsymbol{\phi}(\mathbf{m}_i)$ eines Merkmalsvektors $\mathbf{m}_i$ in einen anderen Merkmalsraum erreicht werden. Bei einer geeigneten Wahl
der Transformation $\boldsymbol{\phi}(\mathbf{m}_i)$ ist das originale Problem im transformierten Merkmalsraum
mit einer linearen Hyperfläche lösbar. Häufig wird das nichtlineare Problem mit der Transformation $\boldsymbol{\phi}(\mathbf{m}_i)$ in einem höherdimensionalen Merkmalsraum abgebildet. In Abbildung
5.3 ist die Transformation von einem zweidimensionalen in einen dreidimensionalen Merkmalsraum für eine 2K-SVM mit zwei Merkmalen beispielhaft dargestellt. Es ist ersichtlich, dass die beiden Klassen in dem dreidimensionalen Merkmalsraum durch eine lineare
Trennfläche getrennt werden können. Wird diese im zweidimensionalen Merkmalsraum
betrachtet, ergibt sich eine nichtlineare Trennlinie.

Durch die *Kernel*-Funktion wird dieser Vorgang für Verfahren, die über das Skalarprodukt der Merkmalsvektoren optimiert werden, besonders effizient gelöst. Die genannten
Verfahren brauchen in der Form nicht die Koordinaten der Merkmalsvektoren, sondern
nur das paarweise innere Produkt. Der *Kernel*-Trick nutzt diese Eigenschaft, um eine implizite Transformation durchzuführen. Das paarweise innere Produkt wird mit der *Kernel*-
Funktion $\mathbf{K}(\cdot, \cdot)$ direkt aus den Merkmalsvektoren in dem originalen Raum bestimmt. Bei
einer festen Transformation $\boldsymbol{\phi}(\mathbf{m}_i)$ des Merkmalsraums ist die *Kernel*-Funktion durch den
Zusammenhang

$$\mathbf{K}(\mathbf{m}_i, \mathbf{m}_j) = \boldsymbol{\phi}(\mathbf{m}_i)^{\mathrm{T}} \boldsymbol{\phi}(\mathbf{m}_j) \qquad (5.18)$$

gegeben. Es ist aus dieser Definition ersichtlich, dass der *Kernel* eine symmetrische Funktion seiner Argumente ist und somit

$$\mathbf{K}(\mathbf{m}_i, \mathbf{m}_j) = \mathbf{K}(\mathbf{m}_j, \mathbf{m}_i) \qquad (5.19)$$

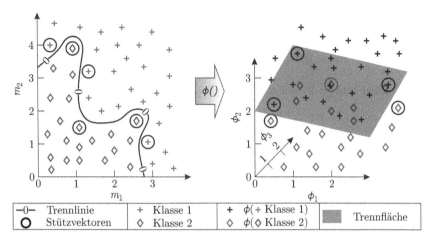

−0−	Trennlinie	+	Klasse 1	+	ϕ(+ Klasse 1)		Trennfläche
O	Stützvektoren	◇	Klasse 2	◇	ϕ(◇ Klasse 2)		

Abbildung 5.3: Durch die Funktion $\phi\,(\cdot)$ werden die Merkmalsvektoren in einen anderen Merkmalsraum abgebildet, in dem ihr Muster linear trennbar ist

gilt.

Im Folgenden wird eine kleine Auswahl von häufig verwendeten *Kernel*-Funktionen gegeben. Durch Wahl der Transformation zu $\phi\,(\mathbf{m}_i) = \mathbf{m}_i$ wird der lineare *Kernel* erhalten, der durch

$$\mathbf{K}\,(\mathbf{m}_i, \mathbf{m}_j) = \mathbf{m}_i^{\mathrm{T}}\mathbf{m}_j \qquad (5.20)$$

beschrieben ist und dem linearen Verfahren ohne *Kernel*-Trick entspricht. Dadurch lassen sich lineare und nichtlineare Probleme mit der gleichen Implementierung lösen. Eine für nichtlineare Probleme häufig eingesetzte *Kernel*-Funktion ist der Polynom-*Kernel*

$$\mathbf{K}\,(\mathbf{m}_i, \mathbf{m}_j) = \left(\mathbf{m}_i^{\mathrm{T}}\mathbf{m}_j + a\right)^p, \qquad (5.21)$$

dessen Ordnung durch den Parameter p eingestellt werden kann. Die Konstante a ist eine additive Konstante des Polynoms. Im Fall von $a = 0$ wird die Lösung nur durch die Ordnung p beschrieben. Dabei wird auch von einem homogenen Polynom-*Kernel* gesprochen. Es ist zu sehen, dass die lineare *Kernel*-Funktion ein Spezialfall des Polynom-*Kernels* ist ($a = 0$, $p = 1$). Durch die implizite Berechnung sind auch Transformationen in einen unendlich dimensionalen Merkmalsraum möglich. Ein Beispiel hierfür ist der besonders häufig eingesetzte Gauß-*Kernel*, der mit Gleichung

$$\mathbf{K}\,(\mathbf{m}_i, \mathbf{m}_j) = \exp\left(-\frac{\|\mathbf{m}_i - \mathbf{m}_j\|^2}{2\,\sigma^2}\right) \qquad (5.22)$$

gegeben ist. Der Parameter σ ist die Standardabweichung und durch ihn die Ausprägung der Nichtlinearität gesteuert wird. Mit einer sehr kleinen Wahl von σ, steigt die Gefahr des *Overfittings* und die Anzahl der Stützvektoren. Mit *Overfitting* sind eine zu starke Anpassung an die Trainingsdaten und der damit einhergehende Verlust der Generalisierbarkeit gemeint.

Es gibt noch andere *Kernel*-Funktion, die bestimmte Bedingungen erfüllen müssen. Eine detailliertere Erläuterung der *Kernel*-Funktion und wie neue *Kernel*-Funktion erstellt werden können, kann in Cristianini und Shawe-Taylor (2000), Shawe-Taylor und Cristianini (2004) und Bishop (2006) nachgelesen werden.

5.3 Fehlerdetektion-Zwei-Klassen-Support Vector Machine

Auf Basis der in Abschnitt 5.1 erläuterten 2K-SVM, wird in diesem Abschnitt eine Fehlerdetektion für driftende Fehler entwickelt. Wie zuvor anhand von Abbildung 5.1 erläutert, wird für eine gute Performanz der 2K-SVM im Training das System mit großer Vorstufe des Fehlers und das EDL-System benötigt. Doch die Verfügbarkeit von dem System mit großer Vorstufe des Fehlers für das Training ist nicht immer gegeben. Deswegen wird das vorgestellte Verfahren eine gute Performanz der Fehlerdetektion bei einem Training mit dem System ohne Vorstufe des Fehlers und dem EDL-System ermöglichen.

Die Verbesserung der Performanz wird durch eine neue Modifikation des Optimierungsproblems der 2K-SVM erreicht. Das Ziel der 2K-SVM Optimierung wird dahingehend verändert, dass anstatt der Trennfläche mit dem maximalen Abstand zu beiden Klassen, die Trennfläche mit dem maximalen Abstand zu der Klasse des Systems ohne Zustandsänderung und dem minimalen Abstand zu der Klasse des EDL-Systems gesucht wird. Dadurch wird die Trennfläche nicht mehr in der Mitte zwischen den beiden Klassen, sondern direkt an der fehlerhaften Klasse platziert und eine deutliche Verbesserung der Performanz bei Systemen mit großer Vorstufe des Fehlers erreicht.

In Abbildung 5.4 ist die Trennfläche der unveränderten *Max Margin* 2K-SVM und der FD-2K-SVM anhand einer linearen Trennung im zweidimensionalen Raum dargestellt. Die Daten mit großer Vorstufe des Fehlers sind im Training nicht bekannt und werden

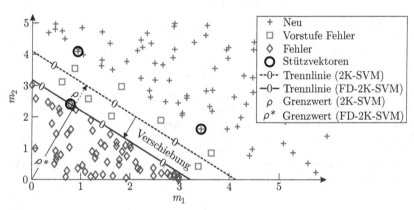

Abbildung 5.4: Vergleich der normalen und verschobenen Trennlinie einer zweidimensionalen linearen *Max Margin* Zwei-Klassen-*Support Vector Machine*

von der normalen 2K-SVM teilweise falsch interpretiert. Wird das Ziel der Optimierung, wie zuvor beschrieben, dahingehend verändert, dass der Abstand der Trennfläche im Training zu den Merkmalsvektoren des Systems ohne Vorstufe des Fehlers $c_i = -1$ maximal und zu den Merkmalsvektoren des EDL-Systems $c_i = 1$ minimal ist, sinkt die Anzahl der fehlinterpretierten Merkmalsvektoren deutlich. Das EDL-System wird der Klasse $c_i = 1$ zugeordnet, damit Merkmalsvektoren auf der Trennfläche dem Fehler zugeordnet werden können Gl. (5.16). Die Trennlinie der FD-2K-SVM in der Abbildung 5.4 zeigt das Ergebnis der Modifikation an. Die Verbesserung ist leicht zu erkennen, da in dem gezeigten Beispiel alle Merkmalsvektoren des Systems mit einer Vorstufe des Fehlers korrekt einsortiert werden. Es ist bereits dargestellt, dass dafür nur die Berechnung des Grenzwerts ρ verändert werden muss, was im Folgenden hergeleitet wird.

Die Minimierung des Abstands der Trennfläche zur Klasse des EDL-Systems $c_i = 1$ und Maximierung des Abstands zur Klasse des Systems ohne Vorstufe des Fehlers $c_i = -1$ lässt sich durch Veränderung der Nebenbedingung aus Gl. (5.3) mit

$$c_i \left(\mathbf{w}^\mathrm{T} \mathbf{m}_i - \rho \right) \geq 1 - c_i - \xi_i, \ \forall i \in \mathcal{T} \tag{5.23}$$

ausdrücken. Damit sind die Klassengrenzen im Training $\mathbf{w}^\mathrm{T} \mathbf{m}_i - \rho = 2$ für die Klasse $c_i = -1$ und $\mathbf{w}^\mathrm{T} \mathbf{m}_i - \rho = 0$ (Trennfläche) für die Klasse $c_i = 1$. Das Lagrange Problem aus Gl. (5.5) ändert sich entsprechend zu

$$\begin{aligned} L\left(\mathbf{w}, \rho, \boldsymbol{\xi}, \boldsymbol{\alpha}, \boldsymbol{\mu}\right) = {}& \frac{1}{2}\|\mathbf{w}\|^2 + \frac{1}{\nu n_\mathrm{t}} \sum_{i \in \mathcal{T}} \xi_i - \sum_{i \in \mathcal{T}} \mu_i \xi_i \\ & - \sum_{i \in \mathcal{T}} \alpha_i \left(c_i \left(\mathbf{w}^\mathrm{T} \mathbf{m}_i - \rho \right) - 1 + c_i + \xi_i \right), \end{aligned} \tag{5.24}$$

wobei die Ableitungen aus den Gl. (5.6), (5.7) und (5.8) hinsichtlich des Gewichtungsvektors $\mathbf{w}$, des Grenzwerts ρ und des Schlupfvariablenvektors $\boldsymbol{\xi}$ unverändert bleiben. Durch Einsetzen in das Lagrange Problem Gl. (5.24) und Umstellen ergibt sich

$$\begin{aligned} L\left(\mathbf{w}, \rho, \boldsymbol{\xi}, \boldsymbol{\alpha}, \boldsymbol{\mu}\right) = {}& \overbrace{\frac{1}{2}\|\mathbf{w}\|^2 - \sum_{i \in \mathcal{T}} \alpha_i c_i \mathbf{w}^\mathrm{T} \mathbf{m}_i}^{-\frac{1}{2} \sum_{i,j \in \mathcal{T}} \alpha_i \alpha_j c_i c_j \mathbf{m}_i^\mathrm{T} \mathbf{m}_j \ \mathrm{Gl.(5.6)}} + \sum_{i \in \mathcal{T}} \alpha_i \\ & + \underbrace{\frac{1}{\nu n_\mathrm{t}} \sum_{i \in \mathcal{T}} \xi_i - \sum_{i \in \mathcal{T}} \mu_i \xi_i - \sum_{i \in \mathcal{T}} \alpha_i \xi_i}_{=0 \ \mathrm{Gl.(5.8)}} + \underbrace{\rho \sum_{i \in \mathcal{T}} \alpha_i c_i}_{=0 \ \mathrm{Gl.(5.7)}} + \underbrace{\sum_{i \in \mathcal{T}} \alpha_i c_i}_{=0 \ \mathrm{Gl.(5.7)}}. \end{aligned} \tag{5.25}$$

Damit kann das duale Problem, wie bei der normalen 2K-SVM, durch die Gl. (5.10), (5.11) und (5.12) ausgedrückt werden. Der Gewichtungsvektor $\mathbf{w}$ kann weiterhin mit Gl. (5.6) berechnet werden. Der Grenzwert ρ wird aus dem primären Problem berechnet, wobei die Gl. (5.14) durch

$$\rho = -\left(1 - c_i - \mathbf{w}^\mathrm{T} \mathbf{m}_i\right), i \in \mathcal{SV}_0 \tag{5.26}$$

ersetzt wird. Anders als bei der normalen 2K-SVM wird empfohlen, nicht den Mittelwert

$$\rho = -\frac{1}{n_\mathrm{sv}} \sum_{i \in \mathcal{SV}_0} \left(1 - c_i - \mathbf{w}^\mathrm{T} \mathbf{m}_i\right) \tag{5.27}$$

zu nutzen, sondern nur die Stützvektoren der fehlerhaften Klasse $c_i = 1$ für die Berechnung zu verwenden. Damit durch kleinste Abweichungen in der numerischen Berechnung nicht einige Stützvektoren auf der falschen Seite der Trennfläche liegen, wird der Grenzwert ρ durch den Stützvektor der fehlerhaften Klasse $c_i = 1$ mit dem geringsten Abstand zu der fehlerfreien Klasse $c_i = -1$ bestimmt. Die Berechnung des Grenzwerts ist dann gegeben durch

$$\rho = \begin{cases} \min\limits_{i \in \mathcal{SV}_0^+} \mathbf{w}^T \mathbf{m}_i & \text{wenn } \mathbf{w}^T \mathbf{m}_{i \in \mathcal{SV}_0^+} > \mathbf{w}^T \mathbf{m}_{j \in \mathcal{SV}_0^-} \\ \max\limits_{i \in \mathcal{SV}_0^+} \mathbf{w}^T \mathbf{m}_i & \text{wenn } \mathbf{w}^T \mathbf{m}_{i \in \mathcal{SV}_0^+} < \mathbf{w}^T \mathbf{m}_{j \in \mathcal{SV}_0^-} \end{cases}, \tag{5.28}$$

wobei $\mathcal{SV}_0^+$ und $\mathcal{SV}_0^-$ für die Indizes der Stützvektoren ohne Ausreißer des fehlerhaften $c_i = 1$ und des fehlerfreien $c_j = -1$ Systems stehen. Alternativ kann der neue Grenzwert auch aus dem Grenzwert der normalen 2K-SVM mit

$$\rho_{\text{neu}} = \rho_{\text{alt}} - 1 \tag{5.29}$$

berechnet werden, wobei sich empfiehlt, die Gleichung (5.28) zu benutzen. Diese Berechnung entspricht der Berechnung aus Gl. (5.27) und deshalb können kleinste Abweichungen bei der numerischen Berechnung zu Fehlklassifikationen bei den Stützvektoren führen.

5.4 Simulationsstudie am Drei-Wege-Katalysator

In diesem Abschnitt soll das im Abschnitt 5.3 vorgestellte Verfahren für die Fehlerdetektion anhand des Drei-Wege-Katalysator während des Sauerstoffaustrags beim Katalysator-Ausräumen präsentiert werden. Es wird dabei die in Abschnitt 4.3 des letzten Kapitels gezeigte Merkmalsgenerierung und Simulationen verwendet.

Zum Einsatz kommt die *Max Margin* FD-2K-SVM, die durch eine *Soft Margin* FD-2K-SVM mit $\nu = 0$ umgesetzt wird. Es sind also keine Ausreißer innerhalb der Merkmalsvektoren im Training zugelassen. Um eine nichtlineare Trennfläche zu ermöglichen, kommt ein Polynom-Kernel Gl. (5.21) der zweiten Ordnung $p = 2$ und $a = 1$ zum Einsatz. Die Trainingsdaten bilden Merkmalsvektoren des neue DWKs mit einer Sauerstoffspeicherfähigkeit von $m_{O_2} = 1053 \, \text{mg}$ und des EDL-DWKs mit einer Sauerstoffspeicherfähigkeit von $m_{O_2} = 154 \, \text{mg}$.

Für eine bessere Performanz der Fehlerdetektion werden die Trainings- und Validierungsdaten mit

$$\mathbf{m}_{\text{norm}}(j) = \left[\frac{\Delta t(j) - \min\limits_{i \in \mathcal{T}^+}(\Delta t(i))}{\text{std}\limits_{i \in \mathcal{T}^+}(\Delta t(i))} \quad \frac{\tilde{m}_A(j) - \min\limits_{i \in \mathcal{T}^+}(\tilde{m}_A(i))}{\text{std}\limits_{i \in \mathcal{T}^+}(\tilde{m}_A(i))} \quad \frac{\tilde{\lambda}_{vK}(j) - \min\limits_{i \in \mathcal{T}^+}(\tilde{\lambda}_{vK}(i))}{\text{std}\limits_{i \in \mathcal{T}^+}(\tilde{\lambda}_{vK}(i))} \right]^T \tag{5.30}$$

skaliert und der Ursprung verschoben, wobei $\mathcal{T}^+$ die Menge aller Indizes der Merkmalsvektoren von der fehlerhaften Klasse $c_i = 1$ und std $(\cdot)$ die Standardverteilung der Merkmalsvektoren sind. Dadurch wird die ungewollte Gewichtung durch den unterschiedlichen Wertebereich der Merkmale aufgehoben. Die Normierung wird nur auf Grundlage der fehlerhaften Klasse gemacht, da diese bei der Fehlerdetektion von besonderem Interesse ist.

Zur Verbesserung der Anschaulichkeit wird, wie im letzten Kapitel beschrieben, mit konstanter Abgastemperatur $\vartheta_{A,vK} = 520 \, °C$ und gleichbleibendem Luft-Kraftstoff-Gemisch $\lambda_{vK} = 0{,}85$ vor dem DWK während des Katalysator-Ausräumens gearbeitet und somit auch mit dem vereinfachten Merkmalsvektor aus Gl. (4.20). Dementsprechend entfällt für die hier gezeigten Ergebnisse die letzte Zeile der Gl. (5.30), die im weiteren Verlauf der Arbeit aber noch in der experimentellen Untersuchung an echten Messdaten verwendet wird.

Zur Bewertung sind in Abbildung 5.5 die Merkmalsvektoren für vier unterschiedliche Altersstufen und die Trennlinie der 2K-SVM und FD-2K-SVM bei einem Training mit dem EDL- und dem neuen DWK dargestellt. Es ist offensichtlich, dass die FD-2K-SVM

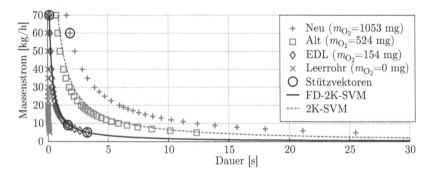

Abbildung 5.5: Trennlinie der 2K-SVM und FD-2K-SVM mit Polynom-Kernel 2ter Ordnung und $a = 1$ für den Sauerstoffaustrag bei $\vartheta_{A,vK} = 520°C$ und $\lambda_{vK} = 0{,}85$.

gut für die Fehlerdetektion von driftenden Fehlern geeignet ist. Die normale 2K-SVM hingegen erkennt fälschlicherweise schon bei dem gealterten DWK mit einer Sauerstoffspeicherfähigkeit von $m_{O_2} = 524\,mg$ einen Fehler. Die Folge wäre ein Austausch eines noch längere Zeit funktionsfähigen DWKs und damit eine Erhöhung der Betriebskosten. Handelt es sich bei dem hier gezeigten alten DWK um den DWK mit der vom Gesetzgeber geforderten Dauerhaltbarkeit, dann kann ein zu frühes Anzeigen eines Fehlers zu rechtlichen Problemen führen, genau dann, wenn die geforderte Dauerhaltbarkeit bei zu vielen Fahrzeugen einer Serie nicht erreicht wird. Wie zu erwarten war, haben beide SVMs die gleichen Stützvektoren. Des Weiteren ist ersichtlich, dass ein Leerrohr mit einer Sauerstoffspeicherfähigkeit von $m_{O_2} = 0\,mg$ mit dem Polynom-*Kernel* sicher als fehlerhaft erkannt wird. Dadurch, dass nur vier Stützvektoren für die Beschreibung der Trennlinie nötig sind, lässt sich die Fehlerdetektion problemlos in ein heutiges Motorsteuergerät implementieren.

5.5 Zusammenfassung

Dieses Kapitel stellt mit der FD-2K-SVM ein neues Verfahren zur Detektion von driftenden Fehlern vor. Die Basis des Verfahrens bildet dabei die 2K-SVM, welche eine Unterscheidung von zwei Klassen durch eine im Training identifizierte Trennfläche ermöglicht. Oftmals sind bei der 2K-SVM Trainingsdaten mit einem System mit großer Vorstufe des Fehlers und mit dem EDL-System nötig, um eine gute Performance der Fehlerdetektion im Betrieb zu erzielen. Das System mit großer Vorstufe des Fehlers ist im Training allerdings oftmals nicht verfügbar. Durch eine Modifikation des Ziels der Optimierung im Training wird eine gute Performanz bei einem Training mit dem System ohne Vorstufe des Fehlers und dem EDL-System erreicht. Dabei verändert sich die Berechnung des Trainings nur geringfügig.

Die FD-2K-SVM ist verglichen mit der normalen 2K-SVM insofern vorteilhaft, dass im Training mit dem neuen anstatt dem System mit großer Vorstufe des Fehlers gearbeitet werden kann. Außerdem ist auch bei einem Training durch das System mit großer Vorstufe des Fehlers eine vergleichbare oder bessere Performanz der Fehlerdetektion zu erwarten. Insbesondere bei Fahrzeugen ist ein System mit großer Vorstufe des Fehlers im Training nur selten verfügbar. Oftmals werden Prozessdaten eines solchen Systems erst in einem Dauertest erhalten.

Anhand der Simulationsstudie des DWKs wird bei einem Vergleich zwischen der neuen FD-2K-SVM und der normalen 2K-SVM die Leistungsfähigkeit demonstriert. Die geringe Anzahl der Stützvektoren, die den Ressourcenbedarf im Motorsteuergerät widerspiegeln, zeigt die Implementierbarkeit des Verfahrens in Fahrzeugen.

Neben der in diesem Kapitel gezeigten Anwendung des Verfahrens zusammen mit der Merkmalsgenerierung aus dem letzten Kapitel, eignet sich das Verfahren auch für den Einsatz mit anderen Merkmalsgenerierungen oder zur kontinuierlichen Überwachung von Messdaten bei driftenden Fehlern.

6 Ein-Klassen-Support Vector Machine basierte Fehlerdetektion

Am Beispiel der OBD in einem Fahrzeug wird klar, dass die Erzeugung von Trainingsdaten immer mit Aufwand verbunden ist und dieser möglichst minimiert werden soll. Es stellt sich also die Frage, ob es nicht möglich ist, auf eine der beiden Klassen im Training zu verzichten.

Aufbauend auf der 2K-SVM haben Tax und Duin (1999) die *Support Vector Domain Description* entwickelt, welche versucht, eine bekannte Klasse von allem anderen zu trennen. Es handelt sich also um ein Ein-Klassen-Verfahren. Zur Lösung des Problems wird die kleinste Sphäre gesucht, die alle Merkmalsvektoren aus dem Training umschließt. Da diese viele der Eigenschaften der 2K-SVM besitzt, ist das Interesse an der *Support Vector Domain Description* in der Wissenschaft und Praxis groß. Diese wird oftmals als Ausreißererkennung eingesetzt. Im Training wird der „normale" Zustand erlernt und Merkmalsvektoren außerhalb der Sphäre deuten auf einen Fehler hin. Ein Beispiel für die Anwendung im Sinne einer Ausreißererkennung ist in Ge, Gao und Song (2011) gegeben. Sollen die Trainingsdaten allerdings gering gehalten werden, ergibt sich ein Problem. Damit alle Merkmalsvektoren des akzeptablen Systems nach dem Training entsprechend einsortiert werden, müssen oftmals auch Trainingsdaten des Systems mit verschieden großer Vorstufe des Fehlers im Training vorhanden sein. Wird zum Beispiel nur ein System mit großer Vorstufe des Fehlers im Training verwendet, kann es sein, dass ein System mit kleinerer Vorstufe des Fehlers als Ausreißer erkannt wird. In der Abbildung 6.1 ist dieses Problem schematisch für eine driftende Zustandsänderung auf der linken Seite dargestellt.

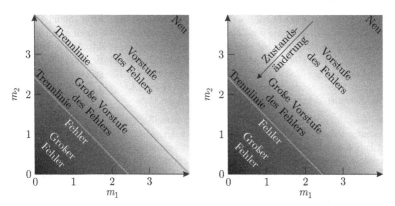

Abbildung 6.1: Beispiel für die Trennlinie einer *Support Vector Domain Description* (links) und einer 1K-SVM (rechts) mit Trainingsdaten des stark gealterten Systems

Auf der rechten Seite der Abbildung ist die von Schölkopf u. a. (2001) entwickelte Ein-Klassen-*Support Vector Machine* (1K-SVM) abgebildet, die ebenfalls mit Merkmalsvektoren des Systems mit großer Vorstufe des Fehlers trainiert ist. Diese löst, wie der Name bereits verrät, ebenfalls ein Ein-Klassen-Problem. Hierbei wird das Ziel verfolgt, alle Merkmalsvektoren im Training mit der Trennfläche von dem Ursprung zu trennen, die den größten Abstand zu diesem hat. Hiermit wird auch versucht, die bekannte Klasse von allem andern zu trennen. Eine häufige Anwendung ist die Ausreißererkennung, wie z.B. in Mahadevan und Shah (2009). Es ist offensichtlich, dass bei einem Training der 1K-SVM nur mit dem System ohne Zustandsänderung (neue System) das System mit großer Vorstufe des Fehlers fälschlicherweise als fehlerhaft eingestuft wird.

Das Kapitel soll ein neues Verfahren zur Fehlerdetektion von driftenden Fehlern basierend auf einer 1K-SVM vorstellen (Louen u. a., 2015). Hierbei wird das Problem der Ausreißererkennung umgekehrt. Anstatt das akzeptable System mit der Klasse zu beschreiben, wird das inakzeptable beschrieben. Dabei wird erreicht, dass nur noch Trainingsdaten des EDL-Systems benötigt werden. Dadurch wird der Aufwand und somit auch die Kosten für das Training des Verfahren reduziert, trotz ähnlicher Performanz.

Der nächste Abschnitt stellt die Grundlagen der 1K-SVM vor. Die Erweiterung auf nichtlineare Trennflächen erfolgt, wie bei der im letzten Kapitel gezeigten 2K-SVM, mit dem *Kernel*-Trick. Im Anschluss wird mit der Fehlerdetektion-Ein-Klassen-*Support Vector Machine* (FD-1K-SVM) das neue Verfahren zur Fehlerdetektion der in dieser Arbeit betrachteten driftenden Fehler beschrieben. Beendet wird das Kapitel mit einer Simulationsstudie am DWK und einer Zusammenfassung der wichtigsten Ergebnisse.

6.1 Ein-Klassen-Support Vector Maschine

Die 1K-SVM wird, wie der Name bereits vermuten lässt, mit den Daten von nur einer Klasse trainiert. Bei dem Training wird eine Hyperfläche gefunden, die einen möglichst großen Abstand von dem Ursprung hat und gleichzeitig alle Merkmalsvektoren im Training von diesem trennt. Neue Merkmalsvektoren werden, ähnlich wie bei der 2K-SVM, durch ihre relative Lage zu der trennenden Hyperfläche entweder der Klasse oder den Ausreißern zugeordnet. Dabei ist die Hyperfläche, wie in der 2K-SVM, durch die Stützvektoren mit dem Gewichtungsvektor w und dem Grenzwert ρ gegeben.

Die *Max Margin* 1K-SVM lässt dabei keine Ausreißer zu und alle Merkmalsvektoren im Training müssen durch die Hyperfläche vom Ursprung getrennt werden. Um den in realen Problemen möglichen Ausreißern in den Merkmalsvektoren im Training gerecht zu werden, kann wieder eine *Soft Margin* 1K-SVM aufgestellt werden. In Abbildung 6.2 ist ein Beispiel mit einem Ausreißer für die Klasse Eins ($c = 1$) und einem Ausreißer für die nicht zur Klasse Eins ($c = -1$) gehörenden Merkmalsvektoren mit der *Soft Margin* Trennlinie der 1K-SVM dargestellt. Für einen Vergleich ist zusätzlich die Trennlinie der *Max Margin* 1K-SVM abgebildet. Die nicht zur Klasse gehörenden Merkmalsvektoren sind im Training der 1K-SVM nicht verfügbar und dienen in der Abbildung nur der Anschaulichkeit. Deswegen hat ein Ausreißer des nicht zur Klasse gehörenden Systems auch keine Auswirkung auf das Training. Der Ausreißer der Klasse Eins sorgt in der *Max Margin* 1K-SVM für eine Verschiebung der Trennlinie in Richtung des Ursprungs. Das

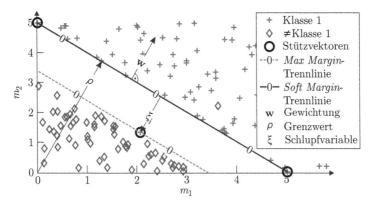

Abbildung 6.2: *Soft Margin* Ein-Klassen-*Support Vector Machine*

Optimierungsproblem der *Soft Margin* 1K-SVM ist gegeben durch

$$\underset{\mathbf{w},\rho,\boldsymbol{\xi}}{\arg\min} \quad \frac{1}{2}\left\|\mathbf{w}\right\|^2 + \frac{1}{\nu n_t}\sum_{i\in\mathcal{T}}\xi_i - \rho \tag{6.1}$$

$$\text{sodass} \quad \mathbf{w}^{\mathsf{T}}\mathbf{m}_i \geq \rho - \xi_i, \ \forall i \in \mathcal{T} \tag{6.2}$$

$$\xi_i \geq 0, \ \forall i \in \mathcal{T} \tag{6.3}$$

und durch $\nu = 0$ wird abermals die *Max Margin* 1K-SVM erhalten. Wie bei der 2K-SVM lässt sich das Optimierungsproblem als korrespondierende Lagrange Optimierung mit

$$\begin{aligned}
L\left(\mathbf{w},\rho,\boldsymbol{\xi},\boldsymbol{\alpha},\boldsymbol{\mu}\right) = {} & \frac{1}{2}\left\|\mathbf{w}\right\|^2 + \frac{1}{\nu n_t}\sum_{i\in\mathcal{T}}\xi_i - \rho \\
& - \sum_{i\in\mathcal{T}}\alpha_i\left(\mathbf{w}^{\mathsf{T}}\mathbf{m}_i - \rho + \xi_i\right) - \sum_{i\in\mathcal{T}}\mu_i\xi_i
\end{aligned} \tag{6.4}$$

ausdrücken. Für das duale Problem werden wieder die partiellen Ableitung in Bezug auf den Gewichtungsvektor $\mathbf{w}$, den Grenzwert ρ und den Schlupfvariablenvektor $\boldsymbol{\xi}$ mit

$$0 = \frac{\partial L}{\partial \mathbf{w}} = \mathbf{w} - \sum_{i\in\mathcal{T}}\alpha_i\mathbf{m}_i \Rightarrow \mathbf{w} = \sum_{i\in\mathcal{T}}\alpha_i\mathbf{m}_i \tag{6.5}$$

$$0 = \frac{\partial L}{\partial \rho} = -1 + \sum_{i\in\mathcal{T}}\alpha_i \Rightarrow \sum_{i\in\mathcal{T}}\alpha_i = 1 \tag{6.6}$$

$$0 = \frac{\partial L}{\partial \xi_i} = \frac{1}{\nu n_t} - \alpha_i - \mu_i \Rightarrow \alpha_i = \frac{1}{\nu n_t} - \mu_i \leq \frac{1}{\nu n_t} \tag{6.7}$$

gebildet und zu Null gesetzt. Das Lagrange Problem Gl. (6.4) kann nach einer Umstellung und durch Verwendung der Ergebnisse aus der partiellen Ableitung mit

$$L\left(\mathbf{w},\rho,\boldsymbol{\xi},\boldsymbol{\alpha},\boldsymbol{\mu}\right) = \overbrace{\frac{1}{2}\|\mathbf{w}\|^2 - \sum_{i\in\mathcal{T}}\alpha_i\mathbf{w}^{\mathsf{T}}\mathbf{m}_i}^{=-\frac{1}{2}\sum_{i,j\in\mathcal{T}}\alpha_i\alpha_j\mathbf{m}_i^{\mathsf{T}}\mathbf{m}_j \; \text{Gl.}(6.5)}$$

$$+ \underbrace{\frac{1}{\nu n_{\mathrm{t}}}\sum_{i\in\mathcal{T}}\xi_i - \sum_{i\in\mathcal{T}}\mu_i\xi_i - \sum_{i\in\mathcal{T}}\alpha_i\xi_i}_{=0 \; \text{Gl.}(6.7)} \underbrace{- \rho + \rho\sum_{i\in\mathcal{T}}\alpha_i}_{=0 \; \text{Gl.}(6.6)}$$

(6.8)

ausgedrückt werden. Damit ist das duale Optimierungsproblem durch

$$\underset{\alpha}{\arg\min} \quad \frac{1}{2}\sum_{i,j\in\mathcal{T}}\alpha_i\alpha_j\mathbf{m}_i^{\mathsf{T}}\mathbf{m}_j \tag{6.9}$$

$$\text{sodass} \quad 0 \le \alpha_i \le \frac{1}{\nu n_{\mathrm{t}}}, \; \forall i \in \mathcal{T} \tag{6.10}$$

$$\sum_{i\in\mathcal{T}}\alpha_i = 1 \tag{6.11}$$

gegeben. Der Gewichtungsparameter $\mathbf{w}$ ergibt sich direkt aus dem dualen Problem durch die Ableitung Gl. (6.5) als

$$\mathbf{w} = \sum_{i\in\mathcal{T}}\alpha_i\mathbf{m}_i = \sum_{i\in\mathcal{SV}}\alpha_i\mathbf{m}_i, \tag{6.12}$$

wobei mit $c_i = 1 \forall i \in \mathcal{T}$ auch die Gl. (5.13) der 2K-SVM genutzt werden kann. Der Grenzwert ρ kann mit jedem Stützvektor, der kein Ausreißer $i \in \mathcal{SV}_0$ ist, durch

$$\rho = \mathbf{w}^{\mathsf{T}}\mathbf{m}_i = \sum_{j\in\mathcal{SV}}\alpha_j\mathbf{m}_j^{\mathsf{T}}\mathbf{m}_i \tag{6.13}$$

berechnet werden. Kleinere Fehler, die durch die numerische Berechnung entstehen, können zu einer falschen Zuordnung einzelner Stützvektoren $\mathbf{m}_i$ mit $i \in \mathcal{SV}_0$ führen. Durch die in dieser Arbeit verwendete alternative Berechnung des Grenzwertes mit

$$\rho = \min_{i\in\mathcal{SV}_0} \mathbf{w}^{\mathsf{T}}\mathbf{m}_i \tag{6.14}$$

ist sichergestellt, dass alle Stützvektoren $\mathbf{m}_i$ mit $i \in \mathcal{SV}_0$ der Klasse zugeordnet werden. Die berechnete Klasse für einen neuen Eingangsvektor $\mathbf{m}_i$ kann, wie bei der 2K-SVM, mit Gl. (5.16) bestimmt werden.

Da das duale Problem der 1K-SVM, wie bei der 2K-SVM, mit dem Skalarprodukt der Merkmalsvektoren optimiert wird, kann die lineare 1K-SVM durch den *Kernel*-Trick in eine nichtlineare 1K-SVM überführt werden. Gerade bei der Anwendung in realen Problemen, ist die beste Lösung häufig eine nichtlineare Hyperfläche. Die resultierende, nichtlineare 1K-SVM wird erhalten, indem die Gl. (6.9) des linearen dualen Problems durch die Gleichung

$$\underset{\alpha}{\arg\min} \quad \frac{1}{2}\sum_{i,j\in\mathcal{T}}\alpha_i\alpha_j\mathbf{K}\left(\mathbf{m}_i,\mathbf{m}_j\right) \tag{6.15}$$

ersetzt wird, während die Nebenbedingungen aus Gl. (6.10) und (6.11) unverändert bleiben.

6.2 Fehlerdetektion-Ein-Klassen-Support Vector Maschine

Basierend auf der im Abschnitt 6.1 präsentierten 1K-SVM, wird in diesem Abschnitt ein neues Verfahren zur Fehlerdetektion von driftenden Fehlern eingeführt, das im Training nur Daten des EDL-Systems benötigt. Neben den Messdaten des EDL-Systems muss zusätzlich noch die grobe Lage der Merkmalsvektoren des Systems ohne Zustandsänderung oder des Systems mit einer Vorstufe des Fehlers bekannt sein.

Für eine Beschreibung des akzeptablen Systems mit der 1K-SVM fehlen nicht selten die Prozessdaten des Systems mit großer Vorstufe des Fehlers. Deshalb wird vorgeschlagen, das inakzeptable System durch die 1K-SVM zu beschreiben. Ein System, das nicht der Klasse der 1K-SVM zugeordnet werden kann, ist dann noch akzeptabel. Da schon bei der normalen 1K-SVM die Trennfläche direkt an der Klasse platziert wird, ist eine Modifikation, wie bei der 2K-SVM, nicht nötig.

6.2.1 Platzierung des Ursprungs

Damit eine Unterscheidung zwischen dem akzeptablen und inakzeptablen System sichergestellt ist, müssen die Datenpunkte des akzeptablen Systems näher am Ursprung liegen als die des inakzeptablen Systems. Oftmals erfüllen reale Probleme diese Anforderung nicht und der Ursprung muss verschoben werden. In der Abbildung 6.3 ist an einer zweidimensionalen 1K-SVM dargestellt, welches Problem durch einen ungünstig gelegenen Ursprung entstehen kann und wie das Problem mit einer geeigneten Verschiebung des Ursprungs aussieht. Es sei nochmal erwähnt, dass nur die Merkmalsvektoren des EDL-

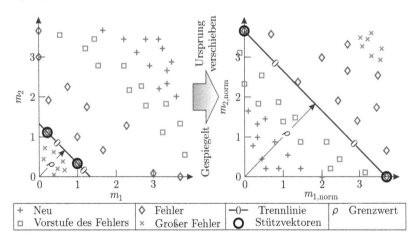

+ Neu	◇ Fehler	—0— Trennlinie	ρ Grenzwert
□ Vorstufe des Fehlers	× Großer Fehler	O Stützvektoren	

Abbildung 6.3: Beispiel für eine Fehlerdetektion durch eine 1K-SVM mit ungünstig liegendem Ursprung (links) und nach geeigneter Verschiebung des Ursprungs (rechts)

Systems für das Training verwendet werden. Die Merkmalsvektoren des Systems ohne Zustandsänderung, mit einer Vorstufe des Fehlers und mit großem Fehler dienen nur dem besseren Verständnis.

In der Abbildung 6.3 liegen die Merkmalsvektoren des akzeptablen Systems weiter entfernt vom Ursprung, als die des inakzeptablen Systems. Wird das inakzeptable System vom Ursprung getrennt, ist automatisch auch das akzeptable System vom Ursprung getrennt und gehört der gleichen Klasse an. Es ist zu sehen, dass nur ein System mit noch größerem Fehler (Großer Fehler) als das EDL-System den Ausreißern angehört. In der Form ist die 1K-SVM für die Fehlerdetektion nicht geeignet. Auf der rechten Seite der Abbildung 6.3 ist das gleiche Problem mit einem verschobenen Ursprung dargestellt. Damit die Merkmalsvektoren im ersten Quadranten dargestellt werden, sind sie zusätzlich gespiegelt. Es ist gut erkennbar, dass jetzt das EDL-System und das System mit großem Fehler der durch die 1K-SVM beschriebenen Klasse angehören und das System mit der Vorstufe des Fehlers als Ausreißer einsortiert wird. Damit ist nach der Verschiebung des Ursprungs die Fehlerdetektion durch die 1K-SVM möglich.

Der Ursprung wird dabei nur auf der Grundlage der Merkmalsvektoren des EDL-Systems und der Kenntnis der groben Lage der Merkmalsvektoren des Systems ohne Fehler durchgeführt. Dadurch ist sichergestellt, dass im Training nicht doch noch Daten des akzeptablen Systems benötigt werden. Die grobe Lage des akzeptablen Systems kann zum Beispiel aus ähnlichen Projekten bestimmt werden oder durch die grundlegenden physikalischen Zusammenhänge.

Dabei wird zwischen den Einflussmerkmalen und Zustandsmerkmalen unterschieden. Die Zustandsmerkmale sind Merkmale, die Informationen über die Zustandsänderung enthalten. Diese können mit

$$
m_{\text{norm}}(j) = \begin{cases} -\left(m(j) - \max_{i \in \mathcal{T}}(m(i))\right) & \text{wenn } m(\Delta z_1) < m(\Delta z_2) \\ m(j) - \min_{i \in \mathcal{T}}(m(i)) & \text{wenn } m(\Delta z_1) > m(\Delta z_2) \end{cases} \tag{6.16}
$$

geeignet vorverarbeitet werden, wenn für die zwei Zustandsänderungen Δz_1 und Δz_2 gilt $\Delta z_1 > \Delta z_2$. Bei Zustandsmerkmalen, die mit steigender Zustandsänderung kleiner werden, wird der maximale im Training vorkommende Wert des Zustandsmerkmals abgezogen. Dadurch haben alle Zustandsmerkmale im Training einen negativen Wert und durch die Multiplikation mit minus eins werden sie wieder in den positiven Bereich gebracht. Bei Zustandsmerkmalen, die mit steigender Zustandsänderung größer werden, wird nur der minimale Wert im Training abgezogen. Dadurch bleiben sie im ersten Quadranten und eine Spiegelung ist nicht nötig.

Die Einflussmerkmale enthalten keine Information über die Zustandsänderung, aber sie verändern den Wert der Zustandsmerkmale und verfälschen somit die Bewertung des Zustandsmerkmals. Die Einflussmerkmale hängen oftmals von den aktuellen Betriebsbedingungen ab. Die Verschiebung des Ursprungs wird deshalb in Abhängigkeit des Zustandsmerkmals, das durch das Einflussmerkmal beeinflusst wird, durchgeführt. In den nächsten beiden Abbildungen sind schematisch die Verschiebungen des Ursprungs für die beiden Fälle des Zustandsmerkmal m_1 dargestellt. In Abbildung 6.4 wird das Zustandsmerkmal m_1 mit wachsender Zustandsänderung kleiner und in Abbildung 6.5 größer. Dabei ist im oberen Teil jeweils die Verschiebung mit einem Einflussmerkmal m_2 dargestellt, das mit zunehmender Größe den Wert des Zustandsmerkmals m_1 verringert. Im unteren Teil ist die Verschiebung für ein Einflussmerkmal m_2, das mit zunehmender Größe den Wert des Zustandsmerkmals m_1 vergrößert, dargestellt. Auf der linken Seite ist jeweils der Merkmalsraum vor der Ursprungsverschiebung, in der Mitte der Merkmalsraum nach der Ursprungsverschiebung und rechts der Merkmalsraum nach einer evtl. Spiegelung in den ersten Quadranten dargestellt. In der Mitte ist deshalb der entscheidende Teil des Merkmalsraums grau markiert.

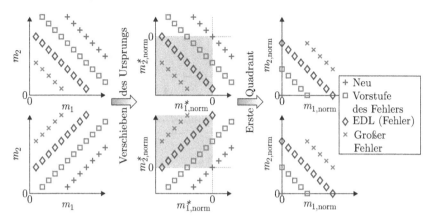

Abbildung 6.4: Verschiebung des Ursprungs für ein Einflussmerkmal m_2, für das gilt $m_1 (m_{2,1}) < m_1 (m_{2,2})$ (oben) bzw. $m_1 (m_{2,1}) > m_1 (m_{2,2})$ (unten), wenn $m_{2,1} > m_{2,2}$ und einem Zustandsmerkmal m_1, für das gilt $m_1 (\Delta z_1) < m_1 (\Delta z_2)$ bei $\Delta z_1 > \Delta z_2$ (beide)

Im oberen Teil der Abbildung 6.4 werden bei dem Einflussmerkmals m_2 und dem Zustandsmerkmals m_1 der maximale Wert des entsprechenden Merkmals subtrahiert (Mitte). Es ist ersichtlich, dass durch die Ursprungsverschiebung die Merkmalsvektoren des EDL-Systems (Fehler) näher am Ursprung liegen als die Merkmalsvektoren des Systems mit geringerer Zustandsänderung (Vorstufe des Fehlers). Durch Multiplikation des Einflussmerkmals m_2 und des Zustandsmerkmals m_1 mit minus Eins werden die normierten Merkmalsvektoren des EDL-Systems in den ersten Quadranten des Koordinatensystems gebracht (rechts). Im unteren Teil der Abbildung nimmt der Wert des Zustandsmerkmals m_1 mit wachsendem Einflussmerkmal m_2 zu und es ist sichtbar, dass durch eine Subtraktion des Minimalwerts des Einflussmerkmals m_2 das EDL-System geeignet verschoben wird (mittig). Um die Merkmalsvektoren des EDL-Systems in den ersten Quadranten zu bekommen, wird nur das Zustandsmerkmal m_1 mit minus Eins multipliziert (rechts). Damit können für die Einflussmerkmale m_2 zur Verschiebung des Ursprungs die Regeln

$$m_{2,\text{norm}} (j) = \begin{cases} - \left(m_2 (j) - \max_{i \in \mathcal{T}} (m_2 (i)) \right) & \text{wenn } m_1 (m_{2,1}) < m_1 (m_{2,2}) \\ m_2 (j) - \min_{i \in \mathcal{T}} (m_2 (i)) & \text{wenn } m_1 (m_{2,1}) > m_1 (m_{2,2}) \end{cases} \tag{6.17}$$

aufgestellt werden, wenn für das Zustandsmerkmal m_1 gilt, $m_1 (\Delta z_1) < m_1 (\Delta z_2)$ bei $\Delta z_1 > \Delta z_2$ und für das Einflussmerkmal m_2 gilt, $m_{2,1} > m_{2,2}$.

Die Verschiebung des Ursprungs für ein Zustandsmerkmal m_1, das mit wachsender Zustandsänderung zunimmt, ist in der Abbildung 6.5 zusammen mit einem Einflussmerkmal m_2 dargestellt. Es ist ersichtlich, dass die Regeln zur Verschiebung des Ursprungs für das Einflussmerkmal m_2 genau umgekehrt angewendet werden müssen. Im oberen Teil der

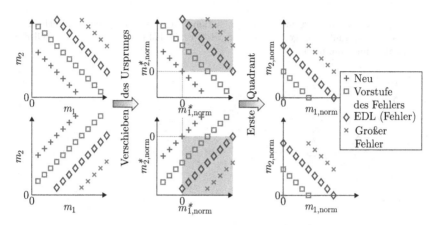

Abbildung 6.5: Verschiebung des Ursprungs für ein Einflussmerkmal m_2, für das gilt $m_1 (m_{2,1}) < m_1 (m_{2,2})$ (oben) bzw. $m_1 (m_{2,1}) > m_1 (m_{2,2})$ (unten), wenn $m_{2,1} > m_{2,2}$ und einem Zustandsmerkmal m_1, für das gilt $m_1 (\Delta z_1) > m_1 (\Delta z_2)$ bei $\Delta z_1 > \Delta z_2$ (beide)

Abbildung 6.5 ist zu erkennen, dass für ein Einflussmerkmal m_2, das durch zunehmende Werte das Zustandsmerkmal m_1 verringert, der Minimalwert des EDL-Systems verwendet werden muss (mittig) und die Merkmalsvektoren des Systems direkt im ersten Quadranten liegen (rechts). Entsprechend ist im unteren Teil sichtbar, dass der Maximalwert des Einflussmerkmals m_2 des EDL-Systems abgezogen wird, wenn das zunehmende Einflussmerkmal auch für eine Zunahme des Zustandsmerkmals m_1 sorgt. Damit die Merkmalsvektoren des EDL-Systems im ersten Quadranten liegen, muss das Einflussmerkmal m_2 zusätzlich mit minus Eins multipliziert werden. Somit werden die Einflussmerkmale nach der Verschiebung des Ursprungs für ein Zustandsmerkmal m_1, für das gilt, $m_1 (\Delta z_1) > m_1 (\Delta z_2)$, bei $\Delta z_1 > \Delta z_2$, durch umkehren der Regeln in Gl. (6.17) mit

$$m_{2,\text{norm}} (j) = \begin{cases} - \left(m_2 (j) - \max_{i \in \mathcal{T}} (m_2 (i)) \right) & \text{wenn } m_1 (m_{2,1}) > m_1 (m_{2,2}) \\ m_2 (j) - \min_{i \in \mathcal{T}} (m_2 (i)) & \text{wenn } m_1 (m_{2,1}) < m_1 (m_{2,2}) \end{cases} \qquad (6.18)$$

erhalten, wobei für das Einflussmerkmal m_2 wieder gilt, $m_{2,1} > m_{2,2}$.

6.2.2 Nichtlineare Trennfläche

In der Praxis werden meistens nichtlineare Trennflächen benötigt, die durch den in Abschnitt 5.2 vorgestellten *Kernel*-Trick umgesetzt werden können. Für einen minimalen Aufwand im Training ist es hilfreich, nur das EDL-System zu bestimmen und durch geeignete Wahl des *Kernels* die Systeme mit größerem Fehler mit zu beschreiben. Oftmals ist die fehlerhafte Komponente auch in anderen Anwendungsbereichen nur für einen kleinen Fehler bekannt, da bei einem detektierten Fehler die Instandhaltung diesen in aller Regel schnell behebt. Hierauf muss bei der Wahl des *Kernels* geachtet werden, da nicht jeder *Kernel* geeignet ist. Zum Beispiel der in vielen Veröffentlichungen eingesetzte Gauß-*Kernel* ist nicht ohne weiteres einsetzbar, da für diesen Fall die 1K-SVM und die *Support*

Vector Domain Description identisch sind und damit das in Abbildung 6.1 aufgezeigte Problem auftritt. Ein System mit großem Fehler kann falsch einsortiert und somit als akzeptabel klassifiziert werden. Der Einsatz von einem Polynom-*Kernel* bietet mehrere Vorteile, allerdings muss die Lage des Ursprungs, wie eben beschrieben, geeignet gewählt werden.

6.3 Simulationsstudie am Drei-Wege-Katalysator

Das in Abschnitt 6.2 vorgestellte Verfahren soll, wie im letzten Kapitel, anhand der Fehlerdetektion des DWKs durch Bewertung des Betriebszustands Sauerstoffaustrag mit den Merkmalen aus Kapitel 4 überprüft werden.

Wie im letzten Abschnitt erläutert, ist die Vorverarbeitung der Prozessdaten ein wichtiger Schritt für die Fehlerdetektion eines driftenden Fehlers mit einer 1K-SVM. Um die ungewollte Gewichtung durch die unterschiedlichen Einheiten und Wertebereiche der Zustands- und Einflussmerkmale zu verhindern, werden alle Merkmale durch die Standardverteilung std($\cdot$) des entsprechenden Merkmals im Training geteilt. Der Ursprung wird, wie zuvor beschrieben, mit den Gl. (6.16) und (6.17) verschoben, da die Dauer des Sauerstoffaustrags mit steigender Alterung abnimmt. Die normierten Merkmale sind somit durch

$$\mathbf{m}_{\text{norm}}(j) = \left[\frac{-\left(\Delta t(j) - \max_{i \in \mathcal{T}}(\Delta t(i))\right)}{\text{std}(\Delta t(i))} \quad \frac{-\left(\bar{\dot{m}}_A(j) - \max_{i \in \mathcal{T}}(\bar{\dot{m}}_A(i))\right)}{\text{std}(\bar{\dot{m}}_A(i))} \quad \frac{\bar{\lambda}_{\text{vK}}(j) - \min_{i \in \mathcal{T}}(\bar{\lambda}_{\text{vK}}(i))}{\text{std}(\bar{\lambda}_{\text{vK}}(i))} \right]^T \quad (6.19)$$

gegeben.

Zur Verbesserung der Anschaulichkeit wird das Problem, wie schon in den letzten beiden Kapiteln erwähnt, vereinfacht. Die Abgastemperatur und das Luft-Kraftstoff-Gemisch vor dem DWK werden mit $\vartheta_{A,\text{vK}} = 520°C$ und $\lambda_{\text{vK}} = 0,85$ konstant gehalten. Dadurch entfällt das Luft-Kraftstoff-Gemisch vor dem DWK als Merkmal für die vereinfachte Betrachtung und der Merkmalsvektor ist durch Gl. (4.20) gegeben. Entsprechend entfällt auch die Normierung des Luft-Kraftstoff-Gemischs vor dem DWK in Gl. (6.19). Eingesetzt wird der *Max Margin*-Ansatz $\nu = 0$ mit einem Polynom-*Kernel* Gl. (5.21) dritter Ordnung und $a = 1$.

Das Ergebnis des vereinfachten Problems ist in Abbildung 6.6 dargestellt. Es ist offensichtlich, dass die gezeigte Trennlinie der FD-1K-SVM den EDL-DWK und das Leerrohr von dem neuen und dem alten DWK trennt und somit eine gute Performanz bei der Fehlerdetektion erzielt wird. Der Abstand zwischen den Merkmalsvektoren des hier gezeigten gealterten DWKs und der Trennlinie ist noch groß, sodass auch noch stärker gealterte DWKs richtig einsortiert werden. Die Anzahl der Stützvektoren ist mit vier gering genug, um problemlos in ein Motorsteuergerät implementiert zu werden. Eine Trennlinie, die noch enger an den Merkmalsvektoren des EDL-DWKs liegt, kann durch die Verwendung einer anderen *Kernel*-Funktion erzielt werden, zum Beispiel durch einen Polynom-*Kernel* höherer Ordnung. Eine andere Möglichkeit zur Verbesserung ist das Einschränken der betrachteten Betriebsbedingungen. Hier wird zum Beispiel nur das Sauerstoffaustragen mit einem Abgasmassenstrom von weniger als $\dot{m}_A = 40\,\text{kg/h}$ für die Zustandsüberwachung verwendet.

Der in Abbildung 6.7 gezeigte Vergleich zwischen der im letzten Kapitel vorgestellten FD-2K-SVM und der in diesem Kapitel vorgestellten FD-1K-SVM zeigt einige Unterschie-

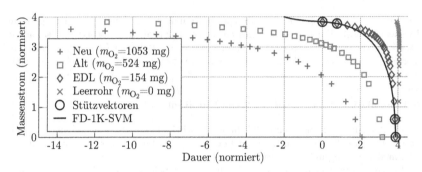

Abbildung 6.6: Trennlinie der FD-1K-SVM mit Polynom-Kernel 3ter Ordnung und $a = 1$ für $\vartheta_{A,\text{vK}} = 520°C$ und $\lambda_{\text{vK}} = 0{,}85$

de. Dafür sind beide im ursprünglichen Merkmalsraum dargestellt. Der offensichtlichste

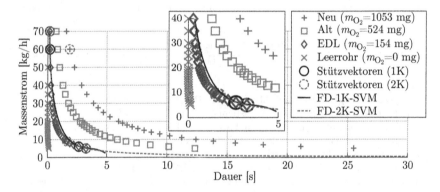

Abbildung 6.7: Trennlinie der FD-1KSVM und FD-2KSVM mit Polynom-Kernel 3ter/2ter Ordnung und $a = 1$ für $T_{A,\text{vK}} = 520°C$ und $\lambda_{\text{vK}} = 0{,}85$

Unterschied zwischen den beiden Trennlinien ist das Abknicken der FD-1K-SVM bei einer Dauer von $\Delta t \approx 5\,\text{s}$. Das stellt keinen größeren Nachteil dar, solange im Training das Katalysator-Ausräumen des EDL-DWKs mit großer Dauer vorhanden ist. Die FD-1K-SVM ist durch das Abknicken nicht in der Lage, Merkmalsvektoren mit kleinerem Abgasmassenstrom zu erklären. Diese kommen im realen System aber auch nicht vor. Die FD-2K-SVM kann an dieser Stelle besser mit fehlenden Merkmalsvektoren mit kleinen Abgasmassenströmen im Training umgehen. Durch die Vergrößerung des Bereichs am Ursprung wird sichtbar, dass die FD-2K-SVM trotz geringerer Ordnung des Polynom-*Kernels* die EDL-DWK geringfügig besser von den noch akzeptablen DWKs trennt.

Für einen detaillierteren Vergleich werden alle 200 Altersstufen betrachtet und die Abgastemperatur vor dem DWK nicht mehr konstant gehalten. Trotzdem wird weiterhin der zweidimensionale Merkmalsvektor betrachtet. Zur Bewertung der Fehlerdetektion wird die

Fehlklassifikationsrate herangezogen. Diese ist definiert durch

$$P_{FK} = \frac{n_{FP} + n_{FN}}{n_{FP} + n_{FN} + n_{RP} + n_{RN}}, \qquad (6.20)$$

wobei durch n_{FP} und n_{RP} die Anzahl der falsch und richtig bewerteten positiven Ereignisse (kein Fehler) und durch n_{FN} und n_{RN} die Anzahl der falsch und richtig bewerteten negativen Ereignisse (Fehler) gegeben sind. Bei den falsch bewerteten positiven Ereignissen handelt es sich um Fehlalarme und bei den falsch bewerteten negativen Ereignissen um ausbleibende Alarme. In Abbildung 6.8 ist die Fehlklassifikationsrate der 2K-SVM, FD-2K-SVM und der FD-1K-SVM in Abhängigkeit der Altersstufe dargestellt. Für das Training wird von jeder benötigten Altersstufe mit 125 zufällig gewählten Merkmalsvektoren die Hälfte der verfügbaren Merkmalsvektoren verwendet. Die 2K-SVM ist nicht für

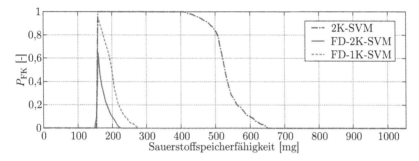

Abbildung 6.8: Fehlklassifikationsrate der Verfahren

die Fehlerdetektion von driftenden Fehlern geeignet, wenn im Training keine Merkmalsvektoren des stark gealterten DWKs verfügbar sind. Dadurch werden gealterte DWKs schon viel zu früh als fehlerhaft eingestuft, was an der Fehlklassifikationsrate deutlich sichtbar ist. Die beiden in dieser Arbeit vorgestellten Verfahren liefern schon eine deutlich bessere Performanz, wobei die FD-2K-SVM auf Grund der zusätzlichen Merkmalsvektoren des neuen DWKs die besten Ergebnisse zeigt. Es bleibt also festzuhalten, dass die FD-2K-SVM die bessere Performanz liefert, aber die FD-1K-SVM weniger Merkmalsvektoren im Training braucht und damit Kosten einspart. Das Ergebnis der Betrachtung mit einem variierenden Luft-Kraftstoff-Gemisch vor dem DWK ist im Anhang A.4 gegeben und zeigt ein ähnliches Verhalten.

6.4 Zusammenfassung

Dieses Kapitel behandelt die Detektion von driftenden Fehlern auf Basis einer 1K-SVM. Diese wird üblicherweise verwendet, um den fehlerfreien Zustand des Systems zu beschreiben. Wie schon bei der 2K-SVM, wird hierfür im Allgemeinen das System mit großer Vorstufe des Fehlers für das Training benötigt. Umgangen wird das in diesem Kapitel, in dem durch die 1K-SVM das fehlerhafte System beschrieben wird. Für das Training sind dann Prozessdaten des EDL-Systems (kleinster Fehler) nötig. Dabei ist es für eine gute Performanz nötig, die Eingangsdaten vorzubereiten. Hierfür wird eine Skalierung und Verschiebung des Ursprungs (teilweise mit Spiegelung) vorgeschlagen.

Die FD-1K-SVM ermöglicht eine Fehlerdetektion nur auf der Basis der Daten des EDL-Systems und somit entfallen im Vergleich zu der im letzten Kapitel vorgestellten FD-2K-SVM die Trainingsdaten mit dem neuen System. Allerdings ist dadurch eine etwas schlechtere Performanz zu erwarten. Der Ressourcenbedarf im Motorsteuergerät ändert sich dabei nur geringfügig.

Die Simulationsstudie am DWK im Katalysator-Ausräumen demonstriert den Nutzen der hier vorgestellten FD-1K-SVM und kann in heutige Motorsteuergeräte implementiert werden. Es wird gezeigt, dass die Performanz der FD-1K-SVM die Anforderungen erfüllen kann und somit eine gute Alternative zur FD-2K-SVM darstellt.

Ähnlich wie die FD-2K-SVM eignet sich die hier vorgestellte FD-1K-SVM nicht nur für die Auswertung der in Kapitel 4 generierten Merkmale, sondern auch für anders erzielte Merkmale. Je nach Anforderung an die Fehlalarme und die ausbleibenden Alarme, kann auch hier die Trennlinie nicht direkt an die Datenpunkte des EDL-Systems gelegt werden.

7 Support Vector Machine basierte Zustandsbestimmung

Bei driftenden Fehlern kommt es durch die wachsende Zustandsänderung zu einer inakzeptablen Veränderung des Systemverhaltens. Doch oftmals durchläuft das System vorher eine Vorstufe des eigentlichen Fehlers, die eine Überwachung des aktuellen Zustands des Systems ermöglicht. Bei einem irreversiblen Driften der Zustandsänderung verläuft diese von dem neuen System zu dem fehlerhaften System. Nicht selten ist auch schon mit der akzeptablen Zustandsänderung eine Abnahme der Systemperformanz verbunden, die aber noch die Anforderungen an das System erfüllt. Beispielsweise der steigende Emissionsausstoß eines Fahrzeugs durch die Alterung des DWKs, der erst ab einer bestimmten Alterung die gesetzlich geforderten Grenzwerte übersteigt.

Einer der Gründe für das Ausmaß der reduzierten Performanz sind die gewählten Reglerparameter. Die Reglerparameter werden häufig für das neue System optimiert und danach nicht mehr an den aktuellen Zustand des Systems angepasst. Oftmals kann aber durch angepasste Reglerparameter die Performanz verbessert werden. Zum Beispiel kann der zusätzliche Emissionsausstoß durch die Alterung des DWKs reduziert werden. Ist die Größe der Vorstufe des Fehlers bekannt, kann auf einen besser geeigneten Parametersatz umgeschaltet und dadurch der Performanzverlust reduziert werden. Die Anpassung der Regler kann schrittweise oder kontinuierlich durchgeführt werden.

Ein weiterer Aspekt sind die Kosten der Instandhaltung. Insbesondere bei Fahrzeugen ist die Reparatur einzelner Teilsysteme mit dem Aus- und wieder Einbau anderer Komponenten verbunden. Zur Reduzierung der Kosten ist es deshalb sinnvoll, Teilsysteme mit ähnlicher Lage und sehr großer Vorstufe des Fehlers direkt mit auszutauschen, um sich so den zweimaligen Ausbau vieler Teilsysteme zu sparen. Teilsysteme mit gutem Zustand sollten jedoch nicht mit getauscht werden. Also ist durch die Zustandsbestimmung eine Optimierung der Instandhaltung möglich und dadurch eine Reduzierung der Betriebskosten des Fahrzeugs.

Da in Fahrzeugen die verfügbaren Ressourcen limitiert sind, soll die Fehlerdetektion und Zustandsbestimmung mit minimalen Ressourcen umgesetzt werden. Eine gemeinsame Nutzung von Informationen durch die Fehlerdetektion und die Zustandsbestimmung kann dabei helfen. Im Fahrzeug steht die Fehlerdetektion im Rahmen der OBD im Vordergrund und somit soll der Indikator für den Zustand eines Systems möglichst aus den Informationen der SVM für die Fehlerdetektion gewonnen werden.

Ein sehr intuitiver Ansatz zur Verwendung der SVM aus der Fehlerdetektion ist in Kim u. a. (2008) und Galar, Kumar und Fuqing (2012) gegeben. Es wird vorgeschlagen, zwischen der Klasse des neuen Systems und der Klasse des inakzeptablen Systems mehrere Klassen mit einer unterschiedlich großen Vorstufe des Fehlers zu platzieren. Dadurch wird die driftende Zustandsänderung in mehrere diskrete voneinander unterscheidbare Stufen unterteilt. In Abhängigkeit der Stufe, kann der Parametersatz von der Regelung eingestellt und so eine Verbesserung der Performanz erzielt werden. Im Training müssen allerdings für jede dieser Klassen Trainingsdaten mit der entsprechenden Vorstufe des Fehlers vorhanden sein. Dadurch erhöht sich der Aufwand im Training mit jeder Altersstufe und auch der

Ressourcenbedarf im Motorsteuergerät nimmt zu. Denn zwei benachbarte Klassen werden jeweils durch eine 2K-SVM unterschieden. Einen ähnlichen Ansatz schlägt Benkedjouh u. a. (2012) auf Basis einer *Support Vector Domain Description* vor. Hier werden die verschiedenen Stufen mit einer *Support Vector Domain Description* beschrieben und der Radius der identifizierten Sphäre wird als Indikator für die Zustandsänderung verwendet. Auch hier spricht der Ressourcenbedarf gegen eine Realisierung im Fahrzeug.

Ein alternatives Vorgehen wird in Vieira u. a. (2009) vorgeschlagen, welches als Basis eine 1K-SVM verwendet. Die 1K-SVM wird mit den Daten des neuen Systems trainiert und die Rate der Ausreißer in einem Zeitintervall als Indikator für den Zustand genutzt. Ein fehlerhaftes System wird erkannt, wenn die Rate der Ausreißer einen vorher definierten Wert überschreitet. Der Grenzwert wird mit Hilfe der Daten des fehlerhaften Systems festgelegt. Dieses Verfahren kann zu den in Abbildung 7.1 dargestellten Problemen führen. Auf der linken Seite beschreibt die Klasse das fehlerfreie System und es wird davon ausgegangen, dass nur die Daten des neuen Systems im Training vorhanden sind. Bei großen Änderungen in den Merkmalen durch die Zustandsänderung, werden schon vor dem Eintreten des Fehlers alle Merkmalsvektoren als Ausreißer einsortiert. Das entspricht den bisherigen Beobachtungen aus dem letzten Kapitel, dass ein Training nur mit den Daten des neuen Systems bei driftenden Zustandsänderungen oftmals zu einer schlechten Performanz der Fehlerdetektion führt.

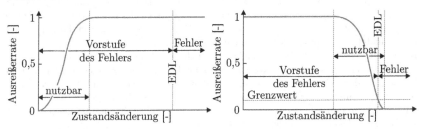

Abbildung 7.1: Beispiel für den Verlauf der Ausreißerrate bei einem Training mit dem neuen (links) und dem EDL-System (rechts)

Auf der rechten Seite beschreibt die Klasse der 1K-SVM, wie im letzten Kapitel vorgeschlagen, die fehlerhafte Klasse. Es wird davon ausgegangen, dass im Training das EDL-System verwendet wird. Damit kann über die Ausreißerrate eine gute Performanz der Fehlerdetektion erreicht werden. Allerdings kann es zu dem in Abbildung 7.1 sichtbaren Effekt kommen, dass die Ausreißerrate erst bei einer großen Vorstufe des Fehlers von Eins verschieden wird. Dadurch kann für einen großen Bereich keine genaue Bestimmung der Zustandsänderung erfolgen.

Aus Sicht der Fehlerdetektion ist es außerdem oftmals gewollt, dass möglichst keine Ausreißer vorkommen und alle Messungen direkt der richtigen Klasse zugeordnet werden. Insbesondere bei Fehlerdetektionen, die nur in bestimmten Betriebszuständen erfolgen. In realen Systemen ist das nicht möglich und es wird versucht, die Ausreißer auf einen schmalen Bereich zwischen dem gerade noch akzeptablen und gerade so inakzeptablen (EDL-) System zu beschränken. Dadurch wäre die Zustandsbestimmung in einem großen Bereich der Zustandsänderung nicht möglich. Einen Überblick über die Umsetzung von Fehlerdiagnosen und Zustandsüberwachungen unter Verwendung einer SVM haben Widodo und

Yang (2007) zusammengestellt.

Das hier neu vorgeschlagene Verfahren extrahiert die Information über den Zustand des Systems direkt aus der SVM für die Fehlerdetektion, wodurch ein sehr geringer Ressourcenbedarf erzielt wird. Herangezogen wird die Distanz[1] eines Merkmalsvektors zur Trennfläche der SVM. Die Distanz ist ein Maß für die Ähnlichkeit des aktuellen Systems mit dem System, dass durch die Trennfläche beschrieben wird. In dieser Arbeit ist es die Ähnlichkeit des Systems zu dem EDL-System.

Die Grundlagen der SVMs wurden bereits in den beiden letzten Kapiteln erläutert und so wird im nächsten Abschnitt mit der Beschreibung des neuen Verfahrens begonnen. Dieses wird im darauf folgenden Abschnitt anhand der Simulationsstudie des DWKs überprüft. Beendet wird das Kapitel mit einer Zusammenfassung der Ergebnisse.

Bemerkung 7.1 (Zustandsbestimmung). Im Zusammenhang mit der Zustandsüberwachung eines technischen Systems wird auch häufig der Begriff *Condition Monitoring* und bei Bauteilen der Begriff *Structure Health Monitoring* verwendet. Für den Zustand selber ist besonders im englischen der Begriff *Health State* gebräuchlich.

7.1 Zustandsbestimmung mit einer Support Vector Machine

In diesem Abschnitt wird ein neues Verfahren zur Berechnung des aktuellen Zustands eines Systems auf Basis einer SVM vorgestellt. Das hier gezeigte Verfahren ist dabei für jede der gezeigten SVMs einsetzbar. Es wird vorausgesetzt, dass die Zustandsänderung eine beobachtbare Veränderung in den Merkmalen hervorruft. Es sei darauf hingewiesen, dass die Veränderungen häufig nur durch Beobachtung von Zustands- und Einflussmerkmalen verfolgt werden können.

Bevor die Berechnung vorgestellt wird, soll an dem in Abbildung 7.2 gezeigten zweidimensionalen Beispiel mit einer linearen Trennlinie der FD-2K-SVM die Grundidee anschaulich erläutert werden. Gezeigt sind beispielhaft einige Merkmalsvektoren des Systems

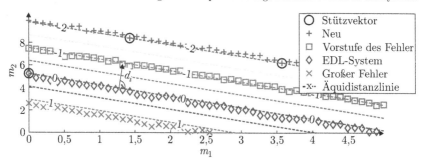

Abbildung 7.2: Beispiel für die Distanz eines Merkmalsvektors zur Trennfläche bei einer FD-2K-SVM

ohne und mit Vorstufe des Fehlers, sowie des EDL-Systems und des Systems mit großem Fehler. Trainiert wurde das Beispiel mit dem neuen und dem EDL-System, wie an den Stützvektoren zu erkennen ist. Zusätzlich sind einige Äquidistanzlinien eingezeichnet, wobei die Äquidistanzlinie mit der Distanz Null der Trennlinie der FD-2K-SVM entspricht.

---

[1] Die Distanz zur Trennfläche in einer SVM ist eine dimensionslose Größe.

Die Distanz in einer SVM ist dabei der einheitenlose Abstand eines Merkmalsvektors
zu der Trennlinie. Wie in der Abbildung 7.2 sichtbar, ist die Distanz d_i durch die Länge
eines senkrecht auf der Trennlinie stehenden Vektors gegeben. Die Äquidistanzlinien zeigen, dass die Distanz in einer Richtung durch positive Werte $d_i > 0$ und in der anderen
Richtung durch negative Werte $d_i < 0$ angegeben wird. Bei Verwendung einer nichtlinearen Trennfläche, ist die Distanz entsprechend durch den Abstand des Merkmalsvektors
in dem höherdimensionalen Merkmalsraum gegeben, in dem das Problem wieder linear
trennbar ist. Berechnet werden kann die Distanz durch

$$d_i\left(\mathbf{m}_i\right) = \sum_{j \in \mathcal{SV}} \alpha_j \, \mathbf{K}\left(\mathbf{m}_i, \mathbf{m}_j\right) - \rho, \qquad (7.1)$$

wobei es sich dabei um einen Teil der SVM Entscheidungsfunktion von Gl. (5.16) handelt.

Bei geeigneter Wahl des *Kernels* und der Merkmale für die Fehlerdetektion mit einer
SVM bewegen sich die Merkmalsvektoren eines Systems mit der gleichen Zustandsänderung durch die unterschiedlichen Betriebszustände entlang der Äquidistanzlinien und
somit haben sie alle die gleiche Distanz zur Trennfläche. Die wachsende Zustandsänderung
hingegen führt zu einer immer kleiner werdenden Distanz.

Wie bereits erwähnt, handelt es sich bei der SVM um ein Verfahren der Mustererkennung und damit ist die Distanz ein Indikator für Ähnlichkeit eines Merkmalsvektors
mit dem Merkmalsvektor der Trennfläche. Mit anderen Worten: Ein Merkmalsvektor mit
kürzerer Distanz zu der Trennfläche weist eine höhere Übereinstimmung mit dem Merkmalsvektor der Trennfläche auf, als ein Merkmalsvektor mit großer Distanz. Übertragen
auf das System bedeutet eine kleinere Distanz, dass das System dem EDL-System ähnlicher ist als ein System mit größerer Distanz.

In der Realität werden für die Fehlerdetektion nur die wichtigsten Merkmale verwendet, um den Ressourcenbedarf zu beschränken. Außerdem führt das Rauschen in den
Messdaten zu einer Verfälschung des Ergebnisses. Wie in der Abbildung 7.2 zu sehen ist,
haben die Merkmalsvektoren eines Systems bei gleicher Zustandsänderung nicht immer
die exakt gleiche Distanz zur Trennfläche. Die Zustandsänderung ist aber in den meisten
Fällen ein langsamer Prozess und somit kann der Zustand mit Hilfe eines Mittelwerts
der letzten n Merkmalsvektoren berechnet werden, der mit Hinblick auf den Einsatz im
Motorsteuergerät eines Fahrzeugs rekursiv ausgeführt werden sollte.

Bei der rekursiven Berechnung des Mittelwerts, wie sie in Gl. (4.8) gegeben ist, werden
alle Messwerte gleich gewichtet. Die Zustandsänderung hingegen wächst stetig an. Es
ist also nicht sinnvoll, weit in der Vergangenheit liegende Merkmalsvektoren im gleichen
Maße wie neue zu gewichten. Gelöst werden kann die Problematik durch den mit

$$\bar{d}_i\left(k_k + 1\right) = \bar{d}_i\left(k_k\right) + \gamma\left(d_i\left(k_k + 1\right) - \bar{d}_i\left(k_k\right)\right) \qquad (7.2)$$

gegebenen exponentiell geglätteten Mittelwert, wobei γ der Vergessensfaktor ist und einen
Wertebereich von $0 \leq \gamma \leq 1$ annehmen kann. Es ist offensichtlich, dass bei einem Vergessensfaktor von $\gamma = 1$ der Mittelwert gleich dem aktuellen Wert ist. Es werden also
alle in der Vergangenheit liegenden Werte sofort „vergessen". Bei einem Vergessensfaktor
von $\gamma = 0$ ändert sich der Mittelwert überhaupt nicht mehr. In Abbildung 7.3 ist anhand
von fünf unterschiedlichen Werten für den Vergessensfaktor γ die Gewichtung über den
Rekursionsschritten dargestellt. Es ist gut sichtbar, dass die Gewichtung immer kleiner
wird, je weiter ein Wert in der Vergangenheit liegt. Die Wahl des Vergessensfaktors gibt
dabei an, wie schnell ein Wert „vergessen" wird.

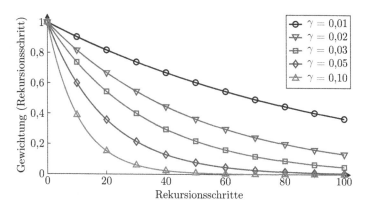

Abbildung 7.3: Verlauf der Rekursionsschritt Gewichtung bei unterschiedlicher Wahl des Vergessensfaktor γ

Der Wertebereich der Distanz zwischen dem neuen und dem EDL-System kann sehr stark variieren, insbesondere bei der Verwendung einer 1K-SVM. Deswegen wird in dieser Arbeit die Distanz durch

$$d_{i,\text{norm}} = \frac{d_i}{d_{\text{neu}}} \qquad (7.3)$$

normiert. Damit ist die Distanz des neuen Systems $d_{\text{neu}} = 1$. Die Distanz für ein akzeptables System liegt im Bereich $0 < d_i \leq 1$ und für ein inakzeptables System gilt $d_i \leq 0$. Durch die Normierung ist es auch leichter, die Zustandsinformation aus verschiedenen Betriebszuständen zu vereinen.

Bei einem linearen Problem kann der Zustand des Systems mit jedem Merkmalsvektor berechnet werden. Insbesondere bei der 1K-SVM haben die Merkmale nicht immer nur positive Werte und je nachdem welcher *Kernel* eingesetzt wird, kann eine Einschränkung des Merkmalsraums für die Zustandsbestimmung sinnvoll sein. Die Einschränkung des Merkmalsraums bezieht sich aber nur auf die Zustandsbestimmung und nicht auf die Fehlerdetektion. In Abbildung 7.4 sind mehrere Äquidistanzlinien für ein zweidimensionales Beispiel mit einem Polynom-*Kernel* der zweiten (links) und dritten (rechts) Ordnung dargestellt, um das Problem näher zu erläutern. Für das Training werden die Merkmalsvektoren des EDL-Systems verwendet. Bei dem neuen System wird angenommen, dass diese im Training noch nicht zur Verfügung stehen und somit auch keine Daten des neuen Systems für das Training verwendet werden können. Es ist offensichtlich, dass die Zustandsbestimmung im ersten Quadranten für gerade und ungerade Ordnung des Polynom-*Kernel* eine gute Performanz bietet. In den anderen drei Quadranten wird die Performanz für viele reale Systeme immer schlechter, wobei der Polynom-*Kernel* mit ungerader Ordnung eine bessere Performanz bietet. Übertragen auf die vorgeschlagene Vorgehensweise bei der FD-1K-SVM, bedeutet eine Einschränkung auf Merkmalsvektoren, in denen alle Merkmale einen positiven Wert haben, dass nur der Wertebereich aus dem Training für die Zustandsbestimmung herangezogen wird. Eine Einschränkung auf den im Training vorhandenen Wertebereich macht auch bei der FD-2K-SVM Sinn, da der Zusammenhang

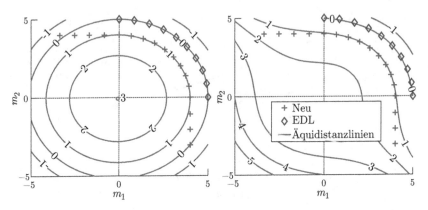

Abbildung 7.4: Beispiel für den Verlauf der Äquidistanzlinien bei einem Polynom-*Kernel* der zweiten (links) und dritten (rechts) Ordnung

zwischen dem Verlauf der Äquidistanzlinien außerhalb des Wertebereichs und der Größe der Zustandsänderung nicht garantiert werden kann.

7.2 Simulationsstudie am Drei-Wege-Katalysator

Das in Abschnitt 7.1 vorgestellte Verfahren für die Zustandsbestimmung eines technischen Systems auf Basis der SVM für die Fehlerdetektion, soll in diesem Abschnitt mit einer Simulationsstudie des DWKs überprüft werden. Für die Auswertung werden die Ergebnisse der Simulationsstudien aus den letzten Kapiteln verwendet.

Für eine verbesserte Anschaulichkeit wird wieder das auf zwei Merkmale reduzierte Problem betrachtet und die Vorverarbeitung und Parameter der SVMs der letzten beiden Kapitel verwendet. Die Lage und Form einiger ausgewählter Äquidistanzlinien sind in der Abbildung 7.5 auf der linken Seite für die FD-2K-SVM und auf der rechten Seite für die FD-1K-SVM aufgeführt, wobei die Zahl auf den Äquidistanzlinien für die Distanz innerhalb der SVM steht. Dabei entspricht die Äquidistanzlinie mit der Distanz „Null" der Trennlinie für die Klassifikation. Zur Orientierung sind die Stützvektoren und die Merkmalsvektoren des neuen, des alten und des EDL-DWKs, sowie des Leerrohrs dargestellt. Auf der linken Seite ist gut ersichtlich, dass die Merkmalsvektoren bei höheren Abgasmassenströmen eine fast konstante Distanz haben und nur bei niedrigen Abgasmassenströmen eine Zunahme der Distanz aufweisen. Im Vergleich dazu, zeigen die Altersstufen in der FD-1K-SVM eine deutlich stärkere Abhängigkeit von den Merkmalsvektoren, sobald diese den Wertebereich der Trainingsdaten ($\Delta t < 0$, $\bar{m}_A < 0$) verlassen. Insbesondere im oberen linken Bereich der rechten Seite ist offensichtlich, dass die Distanz die aktuelle Alterung nicht mehr gut beschreibt. Ausgelöst wird dieses Verhalten, wie zuvor beschrieben, durch den Polynom-*Kernel* und die Verschiebung des Ursprungs. Bei der FD-1K-SVM kann die Zustandsbestimmung effektiv nur für Merkmalsvektoren durchgeführt werden, die nach der Vorverarbeitung im ersten Quadranten oder in dessen Nähe liegen. Da die Alterung oftmals ein langsamer Prozess ist und auch das neue System Merkmalsvektoren in diesem

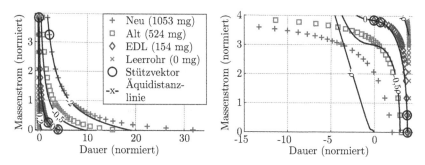

Abbildung 7.5: Äquidistanzlinien der FD-2K-SVM (links) und FD-1K-SVM (rechts)

Bereich erzeugt, kann diese Einschränkung häufig erfüllt werden.

Für die weitere Betrachtung wird die Abgastemperatur vor dem DWK nicht mehr konstant auf $\vartheta_{A,vK} = 520°C$ gehalten und weiterhin die zwei Merkmale „Dauer des Sauerstoffaustrags" und „Mittelwert des Abgasmassenstrom während des Sauerstoffaustrags" verwendet. In den nächsten zwei Abbildungen ist ein *Boxplot* für die normierten Distanzwerte von 40 der simulierten 200 Altersstufen dargestellt. Zusätzlich ist noch der Mittelwert angegeben. Wie eben erläutert, werden bei der FD-1K-SVM nur Werte im ersten Quadranten beachtet und um mit der FD-2K-SVM vergleichbar zu bleiben, werden auch hier Werte außerhalb des Merkmalsraums der EDL-DWK-Trainingsdaten nicht beachtet.

Der *Boxplot* für die FD-2K-SVM ist in Abbildung 7.6 gegeben. Durch die Box werden

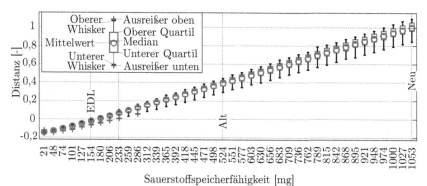

Abbildung 7.6: Boxplot für die Distanz eines Datenpunkts zur Trennfläche bei einer FD-2K-SVM

die Grenzen zwischen oberem Quartil (75 % sind kleiner) und unterem Quartil (25 % sind kleiner) eingegrenzt. Mit anderen Worten, 50 % der bestimmten Distanzwerte liegen innerhalb der Box. Die Länge des oberen und unteren *Whisker* ist auf das 1,5 fache der Box begrenzt. Die tatsächliche Länge des *Whiskers* hängt von dem letzten noch in diesen Grenzen liegenden Distanzwert ab. Die Ausreißer in den Daten stehen für alle Werte, die außerhalb des durch den oberen und unteren *Whisker* begrenzten Bereichs liegen. Der Median gibt den Distanzwert des Merkmalsvektors an, der bei einer Sortierung der Merkmalsvektoren nach ihrem Distanzwert in der Mitte liegt. In der Abbildung 7.6 sind zusätzlich der neue (m_{O_2} = 1053 mg), der alte (m_{O_2} = 524 mg) und der EDL-DWK (m_{O_2} = 154 mg) aus den vorangegangenen Abbildungen, sowie die letzte noch sicher als fehlerfrei einsortierte Alterung des DWKs (m_{O_2} = 233 mg) eingezeichnet. Bei den beiden noch stärker gealterten Altersstufen (m_{O_2} = 206 mg und m_{O_2} = 180 mg) liegen die ersten Ausreißer bzw. einige Distanzwerte der Altersstufe schon unterhalb der Trennlinie (Distanz d = 0) und werden somit als Fehler erkannt. Alle Altersstufen des inakzeptablen DWKs zeigen nur negative Distanzen und werden somit durch die Fehlerdetektion richtig eingeordnet, was an dem in dem Beispiel gewählten *Max Margin*-Ansatz liegt.

Insgesamt ist eine Abnahme der Differenz zwischen dem Maximal- und Minimalwert der Altersstufe mit steigender Alterung zu beobachten. Auch der Wertebereich in dem 50 % (Box) der Daten liegen, wird immer kleiner. Die Folge ist eine Zunahme der Genauigkeit bei der Zustandsbestimmung mit wachsender Alterung. Des Weiteren kann festgestellt werden, dass sowohl der Median als auch der Mittelwert relativ mittig in der Box liegen und beide annähernd linear mit der Sauerstoffspeicherfähigkeit verbunden sind. Damit sind beide gut als Indikatoren für den Zustand des DWKs geeignet.

Abbildung 7.7 beinhaltet die Ergebnisse der FD-1K-SVM für den gleichen Datensatz wie in der Abbildung 7.6. Die letzte sicher als akzeptabel erkannte Altersstufe liegt in

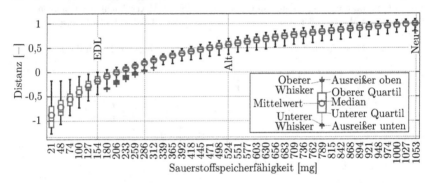

Abbildung 7.7: Boxplot für die Distanz eines Datenpunkts zur Trennfläche bei einer FD-1K-SVM

diesem Fall bei einem DWK mit einem Sauerstoffspeicher von m_{O_2} = 286 mg. Die ersten Fehlalarme setzen also etwas früher als bei der FD-2K-SVM ein. Der EDL-DWK und alle noch schlechteren werden wieder auf Grund des *Max Margin*-Ansatzes komplett der inakzeptablen Klasse und somit richtig eingeordnet.

Die Varianz der Distanzwerte ist für große Sauerstoffspeicher relativ klein und nimmt erst leicht ab, bevor sie nahe dem EDL-DWK wieder deutlich zunimmt. Außerdem sind nur sehr wenige Ausreißer zu beobachten. Auch hier liegen der Median und der Mittelwert relativ mittig innerhalb der Box. Die Abhängigkeit zwischen Sauerstoffspeicher und Distanz ist aufgrund des Polynom-*Kernel* dritter Ordnung nicht mehr annähernd linear.

Es sei an dieser Stelle nochmal darauf hingewiesen, dass für die in den letzten beiden

Abbildungen gezeigten Untersuchungen nur ein eingeschränkter Merkmalsraum benutzt wurde. Die FD-2K-SVM hat grundsätzlich weniger Probleme, mit dem kompletten Merkmalsraum zu arbeiten. Die Variation in den Werten kommt unter anderem auf Grund von nicht beachteten Einflussgrößen, wie zum Beispiel der DWK-Temperatur T_K, zustande.

7.3 Zusammenfassung

Das vorliegende Kapitel stellt ein neues Verfahren zur Bestimmung des Zustands eines Systems für driftende Zustandsänderungen vor. Hierfür wird mit der SVM-Distanz ein in allen SVM enthaltenes Zwischenergebnis verwendet und somit ist das gezeigte Verfahren für die FD-2K-SVM und die FD-1K-SVM einsetzbar. Die Distanz ist ein Maß für die Ähnlichkeit von dem aktuellen Merkmalsvektor zu den Merkmalsvektoren, die auf der Trennfläche liegen. Bei geeigneter Wahl der Merkmale für die Fehlerdetektion, ist eine steigende Ähnlichkeit des Merkmalsvektors mit Anwachsen der Zustandsänderung zu erwarten. Ist der Wertebereich im Betrieb für mindestens eins der Merkmale deutlich größer als im Training, kann eine Beschränkung des Merkmalsraums für die Zustandsbestimmung sinnvoll sein.

Die hier gezeigte Zustandsbestimmung besteht zum größten Teil aus Berechnungen, die schon für die Fehlerdetektion durchgeführt werden müssen. Lediglich die Normierung und die rekursive Berechnung des aktuellen Zustands aus den letzten n Messwerten für den Zustand kommen hinzu. Dadurch ergibt sich ein sehr geringer zusätzlicher Ressourcenbedarf für die Zustandsbestimmung und somit ist die Zustandsbestimmung gut für den Einsatz in Motorsteuergeräten mit limitierten Ressourcen geeignet.

Die Simulationsstudie beweist die Wirksamkeit der in diesem Kapitel vorgestellten Zustandsbestimmung. Es ist gut sichtbar, dass die Distanz von dem Stand der Alterung abhängt. Auch wenn in den Merkmalen nicht beachtete Einflussgrößen zu einer Variation der Werte um einem Mittelwert herumführen.

In der Praxis ist die Akzeptanz der eingesetzten Verfahren oftmals von der Interpretierbarkeit der Ergebnisse abhängig. Dafür ist es hilfreich den Zustandsindikator mit einer physikalischen Größe zu verbinden. Zum Beispiel mit der Sauerstoffspeicherfähigkeit eines DWKs. Die einfachste Lösung hierfür ist eine Kennlinie, die Distanz und Sauerstoffspeicherfähigkeit in ein Verhältnis setzt. Es sind aber auch aufwändigere Lösungen denkbar. Die Bestimmung des Zustands ermöglicht weiterführende Verfahren, wie die Fehlerprognose (Louen, Ding und Kandler, 2013) und die fehlertolerante Regelung.

8 Untersuchung der Drei-Wege-Katalysator-Zustandsüberwachung

In dem vorliegenden Kapitel werden die Ergebnisse aus den experimentellen Untersuchungen der neuen Zustandsüberwachung zusammengefasst. Die experimentelle Untersuchung beinhaltet die Zustandsüberwachung des DWKs anhand des Katalysator-Ausräumens nach einer Schubabschaltung. Zur Erprobung werden Messdaten aus drei unterschiedlichen Fahrzeugen herangezogen. Hierfür werden im nächsten Schritt die Konfiguration der drei Fahrzeuge vorgestellt und welche Messdaten zur Verfügung stehen. In den folgenden Abschnitten werden schrittweise die einzelnen Teile der Zustandsüberwachung an den drei Fahrzeugen getestet.

8.1 Aufbau der Experimente

Die vorhandenen Messdaten sind für die klassische DWK-Diagnose gedacht. Sie beinhalten Messungen des Abgastests aus dem jeweiligen Zielmarkt, Fahrten auf der Straße und spezielle Messungen zur Einstellung der klassischen OBD. Durchgeführt werden die Messungen üblicherweise mit drei Altersstufen des DWKs. Das sind der neue, der gealterte und der EDL-DWK. In dieser experimentellen Untersuchung werden auch leicht gealterte DWKs mit einer Laufleistung bis 30 000 km zu der Gruppe der neuen DWKs gezählt. Der gealterte DWK repräsentiert einen Katalysator am Ende der zugesicherten Dauerhaltbarkeit, was je nach Land einer Laufleistung von bis zu 160 000 km entsprechen kann. In der später gezeigten Auswertung werden alle Messungen mit einer Laufleistung zwischen 70 000 und 170 000 km dem alten DWK zugeordnet. Der EDL-DWK entspricht dem besten anzeigepflichtigen DWK. Da der EDL-DWK im Normalfall künstlich hergestellt wird und ein natürlich gealterter EDL-DWK zum Zeitpunkt des Trainings nicht verfügbar ist, kann oftmals keine Angabe zu der Laufleistung gemacht werden. Zur Bewertung der Fehlerdetektion wird die in Kapitel 6 eingeführte Fehlklassifikationsrate Gl. (6.20) verwendet.

In Abbildung 8.1 sind mit dem modifizierten neuen europäischen Fahrzyklus (EU, 1998) und der amerikanischen *Federal Test Procedure* (Reif und Dietsche, 2014) zwei sehr unterschiedliche Beispiele für einen Abgastest dargestellt. Dabei sind die großen Unterschiede zwischen den beiden gezeigten Fahrzyklen gut sichtbar. Bei dem europäischen Abgastest werden die Geschwindigkeiten über längere Zeit (einige Sekunden) konstant gehalten und die Beschleunigung und das Abbremsen werden vergleichsweise langsam durchgeführt. Der amerikanische Abgastest hingegen ist einer realen Fahrt nachempfunden. Dadurch wechselt die Geschwindigkeit ständig und es wird stärker beschleunigt und gebremst. Das eher statische Fahrverhalten des modifizierten neuen europäischen Fahrzyklus führt zu einer geringen Anzahl an Schubbetrieben (ca. fünf Schubbetriebe), was für das Sammeln von vielen Trainingsdaten in kurzer Zeit ein Nachteil ist. Die hohe Dynamik des amerikanischen Fahrzyklus führt umgekehrt zu vielen Schubbetrieben und somit zu vielen Trainingsdaten innerhalb kürzester Zeit. Die Höchstgeschwindigkeit ist bei dem modifizierten

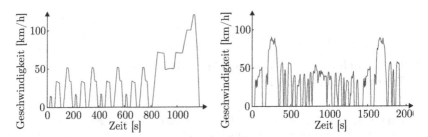

Abbildung 8.1: Neuer Europäischer Fahrzyklus (links) und *Federal Test Procedure* (rechts)

neuen europäischen Fahrzyklus größer. Dadurch wird die Temperatur des DWKs höher und die Dauer des Katalysator-Ausräumens bei ansonsten gleichen Betriebsbedingungen etwas länger. Durch die unterschiedlichen Fahrweisen in den Fahrzyklen findet auch das Katalysator-Ausräumen unter sehr unterschiedlichen Betriebsbedingungen statt.

8.1.1 Fahrzeug I

Der vereinfachte Aufbau des Abgasstrangs von dem ersten Fahrzeug ist in Abbildung 8.2 gezeigt. Das Fahrzeug wird durch einen direkteinspritzenden Ottomotor mit 12 Zylin-

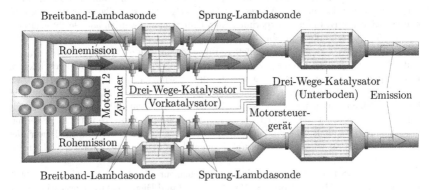

Abbildung 8.2: Der vereinfachte Abgasstrang des ersten Fahrzeugs (12 Zylinder)

dern angetrieben. Insgesamt vier motornahe DWKs konvertieren in einem ersten Schritt das Abgas von je drei Zylindern. Jeder der DWKs ist mit einer Breitband-Lambdasonde vor und einer Sprung-Lambdasonde nach dem DWK ausgestattet. Im zweiten Schritt wird das Abgas durch zwei am Unterboden befestigte DWKs geleitet. Diese reduzieren die Emission ein weiteres Mal. In jeden wird das Abgas aus zwei der motornahen DWK (sechs Zylindern) geleitet. Die DWKs am Unterboden sind nicht mit zusätzlicher Sensorik ausgestattet und so bezieht sich die Zustandsüberwachung immer auf einen der motorna-hen DWK. Diese altern auf Grund der höheren Temperatur aber auch schneller als ein DWK am Unterboden.

Die Messdaten für das Training und die Validierung stammen sowohl aus dem modifizierten neuen europäischen Fahrzyklus und den amerikanischen *Federal Test Procedure* und *Unified Cycle* (Lin und Niemeier, 2002), als auch von Fahrten auf der Straße. Es handelt sich um Messungen, die während der Kalibrierung und Validierung der klassischen DWK-Überwachung oder anderer Funktion im Motorsteuergerät aufgezeichnet wurden. Deshalb wird häufiger als üblich das Katalysator-Ausräumen nicht ausgeführt.

8.1.2 Fahrzeug II

Der Abgasstrang des zweiten Fahrzeugs ist vereinfacht durch Abbildung 8.3 dargestellt. Es handelt sich um einen direkteinspritzenden Ottomotor mit vier Zylindern und einem

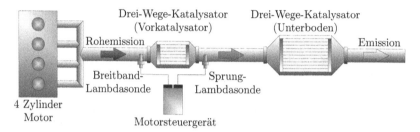

Abbildung 8.3: Der vereinfachte Abgasstrang des zweiten Fahrzeugs (4 Zylinder)

DWK nah am Motor und einem weiteren am Unterboden. Als Sensorik wird eine Breitband-Lambdasonde vor und eine Sprung-Lambdasonde nach dem DWK nahe des Motors eingesetzt. Die Zustandsüberwachung bezieht sich somit auf diesen DWK.

Die Messungen für die experimentelle Untersuchung stammen vor allem aus mehreren amerikanischen Abgastests (*Federal Test Procedure*) mit einem neuen, gealterten und EDL-DWK. Hinzu kommen einige Fahrten auf der Straße mit dem neuen und gealterten DWK. Es ist zu erwähnen, dass das hier eingesetzte Motorsteuergerät von einem anderen Hersteller als beim ersten Fahrzeug kommt und somit die Einbettung der Zustandsüberwachung in unterschiedliche Motorsteuergeräte geprüft werden kann.

8.1.3 Fahrzeug III

Das dritte Fahrzeug verfügt, wie in Abbildung 8.4 vereinfacht dargestellt, nur über einen motornahen DWK und so ist dieser entsprechend größer ausgelegt. Angetrieben wird das Fahrzeug durch einen Drei-Zylinder-Ottomotor mit Direkteinspritzung. Der größte Unterschied ist allerdings in der eingesetzten Sensorik zu finden. Anstatt einer Breitband-Lambdasonde vor dem DWK, ist in diesem Fahrzeug eine Sprung-Lambdasonde verbaut. Diese erschwert zum einen die Regelung des Luft-Kraftstoff-Gemischs und zum anderen ist eine Bestimmung des selbigen nicht so ohne weiteres möglich. Insbesondere beim Katalysator-Ausräumen kommt es dadurch immer wieder zu kurzen Phasen mit magerem Luft-Kraftstoff-Gemisch.

Für das Training und die Validierung stehen Messungen aus Fahrten auf der Straße mit einem neuen, gealterten und EDL-DWK zur Verfügung. Dabei stammen die meisten

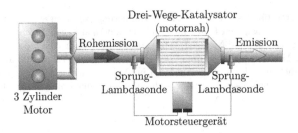

Abbildung 8.4: Vereinfachter Abgasstrang des dritten Fahrzeugs

der Daten von dem EDL-DWK. Messungen von Abgastesten, wie für die beiden anderen Fahrzeuge, sind nicht vorhanden.

8.2 Untersuchung der Testfahrzeuge

In diesem Abschnitt wird die in den letzten Kapiteln hergeleitete Zustandsüberwachung für den DWK mit Messungen aus den im letzten Abschnitt aufgeführten Fahrzeugen durchgeführt. Wie schon in den Simulationsstudien, wird als Situation für die Bewertung das Katalysator-Ausräumen verwendet. Im Rahmen der Erprobung wird auch auf mögliche Probleme bei der Umsetzung eingegangen. Hierfür wird im ersten Teilabschnitt die Merkmalsgenerierung vorgestellt. Darauf folgt die Fehlerdetektion mit der FD-2K-SVM und FD-1K-SVM und deren Vergleich. Der letzte Teilabschnitt behandelt die Berechnung des Zustands auf der Basis der FD-2K-SVM und FD-1K-SVM und deren Vergleich.

8.2.1 Generierung der Merkmale

Für die Bewertung des Sauerstoffspeichers und damit des DWKs wird als Merkmalsvektor

$$\mathbf{m} = \begin{bmatrix} \Delta t & \bar{\dot{m}}_A & \bar{\lambda}_{vK} \end{bmatrix}^T \tag{8.1}$$

für die Fahrzeuge I und II der Merkmalsvektor aus Gl. (4.12) eingesetzt. Für das dritte Fahrzeug wird der Merkmalsvektor mit

$$\mathbf{m} = \begin{bmatrix} \Delta t & \bar{\dot{m}}_A & \bar{U}_{vK} \end{bmatrix}^T \tag{8.2}$$

beschrieben, wobei der Mittelwert des Luft-Kraftstoff-Gemischs vor dem DWK aus den ersten beiden Fahrzeugen durch den Mittelwert der Spannung der Sprung-Lambdasonde vor dem DWK ersetzt wird.

Für den experimentellen Einsatz wird der hybride Zustandsautomat aus Abbildung 4.7 zu dem in Abbildung 8.5 dargestellten Zustandsautomaten abgewandelt. Es ist zu erwähnen, dass die Sollwertvorgaben während der Untersuchung nicht von dem Zustandsautomaten, sondern von der normalen Motorsteuerung übernommen werden. Im realen Betrieb ist eine Zustandsüberwachung am Anfang einer Fahrt nicht möglich, da der DWK auf Grund seiner geringen Temperatur noch keine nennenswerte Konvertierung hat. Die Dynamik der beiden Lambdasonden ist aus dem gleichen Grund deutlich verlangsamt.

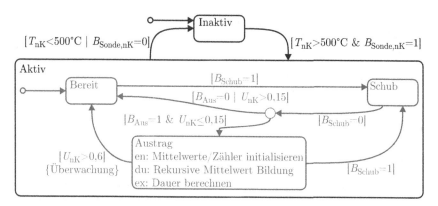

Abbildung 8.5: Hybrider Automat für das Katalysator-Ausräumen

Deswegen startet der Zustandsautomat in dem Automatenzustand „Inaktiv", der eine Zustandsüberwachung verhindert. Erst mit Erreichen einer minimalen Abgastemperatur nach dem DWK (z.B. $\vartheta_{A,nK} = 500°C$) und gemeldeter Bereitschaft der Sprung-Lambdasonde nach dem DWK $B_{Sonde,nK} = 1$, wird die Zustandsüberwachung durch einen Wechsel in den Automatenzustand „Aktiv" aktiviert. Sollte die Temperatur während des Betriebs wieder unterhalb der Schwelle liegen, die Bereitschaft der Sprung-Lambdasonde nicht mehr gegeben sein oder der Motor wird abgeschaltet, dann wechselt der Zustandsautomat zurück in den Automatenzustand „Inaktiv".

Der Automatenzustand „Aktiv" enthält einen weiteren Zustandsautomaten, der die eigentliche Merkmalsgenerierung übernimmt. Wie in der Simulationsstudie gibt es den Automatenzustand „Bereit", in dem der Zustandsautomat bleibt bis ein Schubbetrieb angefordert wird $B_{Schub} = 1$. Nach Beendigung des Schubbetriebs $B_{Schub} = 0$ wird in den Automatenzustand „Austrag" geschaltet, wenn das Katalysator-Ausräumen $B_{Aus} = 1$ angefordert und die Spannung der Sprung-Lambdasonde nach dem DWK $U_{nK,Sp} \leq 0{,}15$ erfüllt wird. Wird das Katalysator-Ausräumen nicht angefordert oder die Spannung der Sprung-Lambdasonde ist zu hoch, dann wird der Automatenzustand „Bereit" aktiviert. Die Spannung gibt Aufschluss, ob der Sauerstoffspeicher durch den Schubbetrieb komplett gefüllt wurde.

Für die experimentelle Untersuchung wird der Merkmalsvektor aus Gl. (4.12) bzw. (8.2) analog zu der rekursiven Berechnung in Kapitel 7 durchgeführt. Es wird für die Initialisierung des Automatenzustands „Austrag" die Gl. (4.13), (4.14) und (4.15) und für die rekursive Berechnung die Gl. (4.18), (4.16) und (4.17) aus Kapitel 4 verwendet. Bei dem dritten Fahrzeug werden die Initialisierung aus Gl. (4.15) und die rekursive Berechnung aus Gl. (4.17) von dem Mittelwert des Luft-Kraftstoff-Gemischs vor dem DWK $\bar{\lambda}_{vK}$ durch die entsprechenden Berechnungen für die Spannung der Sprung-Lambdasonde vor dem DWK mit

$$\bar{U}_{vK}(0) = 0 \qquad (8.3)$$

$$\bar{U}_{vK}(k_k + 1) = \bar{U}_{vK}(k_k) + \frac{1}{k_k + 1}\left(U_{vK}(k_k + 1) - \bar{U}_{vK}(k_k)\right). \qquad (8.4)$$

ersetzt. Wird der Sauerstoffaustrag durch eine weitere Anforderung des Schubbetriebs unterbrochen, wechselt der Automat in den Automatenzustand „Schub" ohne eine Auswertung des Merkmalsvektors zu berechnen. Wie in Kapitel 4 wird in den Automatenzustand „Bereit" durch die Detektion des positiven Spannungssprung $U_{nK} > 0{,}6$ geschaltet und die Auswertung des berechneten Merkmalsvektor gestartet.

Ein Problem für die Bildung der Merkmale kann durch die Breitband-Lambdasonde vor dem DWK gegeben sein. Durch den hohen Sauerstoffgehalt in der Luft während des Schubbetriebs und der Entfernung zwischen Motor und Breitband-Lambdasonde, reagiert die Breitband-Lambdasonde nur langsam auf den Wechsel des Luft-Kraftstoff-Gemischs und kann am Anfang des Katalysator-Ausräumens fälschlicherweise ein stark mageres Luft-Kraftstoff-Gemisch anzeigen. Es kann sogar vorkommen, dass während des kompletten Katalysator-Ausräumens zu keinem Zeitpunkt ein fettes Luft-Kraftstoff-Gemisch durch die Breitband-Lambdasonde angezeigt wird, insbesondere im Zusammenhang mit hohen Abgasmassenströmen. Für den beschriebenen Fall bietet sich an, mit einer Schätzung des Luft-Kraftstoff-Gemischs nach dem Motor zu arbeiten, die im Normalfall schon für die Lambdaregelung vorhanden ist.

8.2.2 Fehlerdetektion

Für eine optimale Fehlerdetektion werden die Merkmalsvektoren vorverarbeitet. Die drei Merkmale haben einen unterschiedlichen Wertebereich und um die dadurch gegebene Gewichtung aufzuheben, werden alle Merkmale durch ihre Standardabweichung geteilt. Die Standardabweichung wird, wie in den letzten Kapiteln, aus den Trainingsdaten des EDL-DWKs bestimmt. Bei der FD-2K-SVM werden die Daten durch Subtraktion des Minimalwerts des entsprechenden Merkmals im Training in die Nähe des Ursprungs gebracht und bei der FD-1K-SVM wie in Kapitel 6 vorgeschlagene Verschiebung des Ursprungs verwendet. Die Vorverarbeitungen entsprechen damit den Gl. (5.30) und (6.19) aus den Kapiteln 5 und 6. Wie schon in den letzten Kapiteln, wird hier für die nichtlineare Trennfläche ein Polynom-*Kernel* Gl. (5.21) zweiter Ordnung ($p = 2, a = 1$) für die FD-2K-SVM und dritter Ordnung ($p = 3, a = 1$) für die FD-1K-SVM eingesetzt.

In den nächsten drei Abbildungen sind die Ergebnisse der experimentellen Untersuchung mit den Prozessdaten der drei zuvor vorgestellten Fahrzeuge gezeigt. Die Abbildungen zeigen den Merkmalsraum, der durch die Dauer des Automatenzustands „Austrag", den Mittelwert des Abgasmassenstroms und den Mittelwert des Luft-Kraftstoff-Gemischs vor dem DWK während des Automatenzustands „Austrag" aufgespannt wird. Auf der linken Seite der Abbildungen sind die im Training verwendeten Merkmalsvektoren und die damit gefundenen Stützvektoren und Trennflächen der FD-2K-SVM und FD-1K-SVM dargestellt. Auf der rechten Seite sind die im Test verwendeten Merkmalsvektoren des neuen, alten und EDL-DWKs, sowie die Stützvektoren und Trennflächen der FD-2K-SVM und FD-1K-SVM dargestellt.

Abbildung 8.6 beinhaltet die Ergebnisse eines zufällig gewählten motornahen DWKs des Fahrzeugs mit 12 Zylindern. Die Ergebnisse der anderen drei DWKs des Fahrzeugs sind im Anhang A.5 beigefügt. Im Training werden die Messdaten aus verschiedenen Abgastests (Modifizierter Neuer Europäischer Fahrzyklus, *Unified Driving Cycle*) und Fahrten auf der Straße mit einem neuen und einem EDL-DWK bzw. nur mit einem EDL-DWK verwendet. Dabei enthalten diese das Katalysator-Ausräumen im Training 20-mal für den neuen und 51-mal für den EDL-DWK. Für den Test des Verfahrens wird das Katalysator-Ausräumen

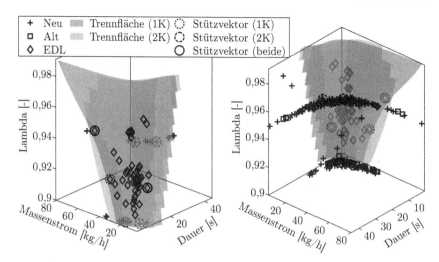

Abbildung 8.6: Training (links) und Validierung (rechts) eines zufällig gewählten motornahen DWKs des 12 Zylinder Fahrzeugs für den Automatenzustand „Austrag"

in den Messdaten für einen neuen DWK 208-mal, für einen alten DWK 82-mal und für eine EDL-DWK 62-mal gemessen. Die Daten für den Test beinhalten auch die für das Training verwendeten Daten. Es sind also insgesamt nur wenige Merkmalsvektoren des EDL-DWKs vorhanden, sodass nur elf Merkmalsvektoren bleiben, die nicht schon im Training verwendet wurden.

Es ist zu sehen, dass das Luft-Kraftstoff-Gemisch vor dem DWK bei dem neuen und alten DWK fast immer einen Wert von annähernd $\lambda_{vK} = 0,9$ oder $\lambda_{vK} = 0,95$ hat. Hintergrund ist die langsame Reaktion der verbauten Breitband-Lambdasonde vor dem DWK auf den Wechsel des Luft-Kraftstoff-Gemischs nach dem Schubbetrieb. Deswegen wird anstatt mit der Messung, mit einer im Motorsteuergerät verfügbaren Schätzung des Luft-Kraftstoff-Gemischs gearbeitet.

Die Trennflächen der beiden Verfahren liegen sehr dicht beieinander, sind aber nicht komplett gleich. In manchen Bereichen liegt die FD-2K-SVM etwas näher an den Merkmalsvektoren des EDL-DWKs und in anderen die FD-1K-SVM. Hier nur im Ansatz zu sehen ist das Abknicken der FD-1K-SVM für eine große Dauer des Automatenzustands „Austrag" und einem kleinen Abgasmassenstrom, was sich aber auf eine Fehlerdetektion nicht negativ auswirkt. Damit sind auch sehr ähnliche Ergebnisse bei der Klassifizierung der Merkmalsvektoren zu erwarten. Anhand der Stützvektoren kann gesehen werden, dass nicht nur die Trennflächen sehr ähnlich sind, sondern auch zwei der drei Stützvektoren der FD-1K-SVM auch bei der FD-2K-SVM verwendet werden. Bezogen auf die drei hier untersuchten Stufen des DWKs sind beide Verfahren in der Lage, alle Merkmalsvektoren richtig zu klassifizieren. Der zu erwartende Ressourcenbedarf im Motorsteuergerät ist ebenfalls sehr ähnlich. Die FD-2K-SVM hat zwar insgesamt sechs identifizierte Stützvektoren, wovon zwei zu dem EDL-DWK und vier zu dem neun DWK gehören. Die FD-1K-SVM hat nur drei Stützvektoren, doch dafür ist bei der FD-2K-SVM auch nur ein Polynom-*Kernel* der zweiten anstatt der dritten Ordnung nötig.

Für das Fahrzeug mit den 12 Zylindern sind, zusätzlich zu den in der Abbildung gezeigten Merkmalsvektoren, auch einige Merkmalsvektoren für einen DWK mit sehr starker Alterung vorhanden. Diese sind schon sehr nah am EDL-DWK und die Fehlklassifikationsrate der beiden Verfahren ist in Tabelle 8.1 dargestellt. In der Tabelle ist zu sehen, dass

Tabelle 8.1: Fehlklassifikationsrate in [%] und Anzahl der Merkmalsvektoren

	Alter 1	Alter 2	Alter 3	Alter 4	Alter 5
Merkmalsvektoren	4	28	5	28	12
FD-2K-SVM	0	68	80	68	92
FD-1K-SVM	0	82	100	86	92

auch noch bei sehr stark gealterten DWKs einige der Merkmalsvektoren richtig einsortiert werden. Aus Sicht der Praxis sind die gezeigten Fehlklassifikationsraten in Ordnung, da die Konvertierungsleistung der Altersstufen nur noch wenig besser als die des EDL-DWKs sind und somit in den auch schon in der Simulationsstudie zu sehenden Übergangsbereich fallen. Hier zeigt sich auch die etwas bessere Performanz der FD-2K-SVM anhand der geringeren Fehlklassifikationsrate (Fehlalarme).

In Abbildung 8.7 folgen die Ergebnisse der experimentellen Untersuchung am Vier-Zylinder-Fahrzeug. Bei dem Fahrzeug mit vier Zylindern ist eine Datenbasis für den Test

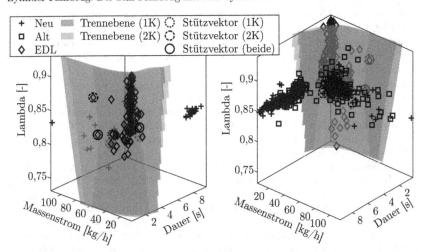

Abbildung 8.7: Training (links) und Validierung (rechts) der Fehlerdetektion mit der FD-2K-SVM des motornahen DWKs für den Automatenzustand „Austrag" im 4 Zylinder Fahrzeug

von 202 Katalysator-Ausräumen-Situation des neuen, 282 des alten und 203 des EDL-DWKs vorhanden. Davon werden 41 des neuen und 104 des EDL-DWKs für das Training verwendet. Als Abgastest ist nur die amerikanische *Federal Test Procedure* vorhanden. Außerdem ist das Motorsteuergerät von einem anderen Hersteller und somit kann gezeigt werden, dass die Zustandsüberwachung einfach übertragen werden kann. Lediglich die Namen der Messgrößen ändern sich.

Ein Vergleich mit der Abbildung 8.6 zeigt, dass zum einen die Dauer des Sauerstoffaustrags viel kürzer ist und zum anderen viel mehr Merkmalsvektoren des EDL-DWKs vorhanden sind. Die Abbildung 8.7 zeigt grundsätzlich die gleichen Resultate, wie die vorherige. Beide Verfahren sind in der Lage, die drei hier betrachteten Stufen für jeden Merkmalsvektor richtig zu klassifizieren. Es ist also einfach möglich, die Verfahren auf andere Fahrzeuge zu übertragen. Die Unterschiede können zum Beispiel in der Geometrie des DWKs, der Sauerstoffspeicherfähigkeit und der Entfernung zum Motor liegen.

Als letztes folgt das Fahrzeug mit drei Zylindern und zwei Sprung-Lambdasonden in Abbildung 8.8. Die Sprung-Lambdasonde vor dem DWK reagiert auch nach dem Schubbe-

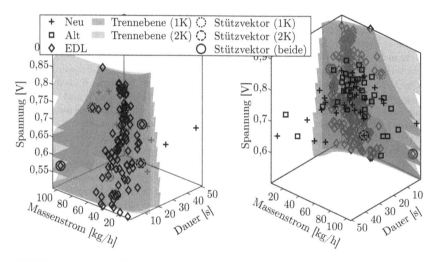

Abbildung 8.8: Training (links) und Validierung (rechts) der Fehlerdetektion mit der FD-2K-SVM beim Katalysator-Ausräumen im 3 Zylinder Fahrzeug

trieb gut auf Wechsel des Luft-Kraftstoff-Gemischs, sodass hier direkt mit dem Messwert gearbeitet werden kann. Da die Sprung-Lambdasonde aber nur in einem schmalen Bereich um $\lambda_{vK} = 1$ herum einen guten Messwert liefert, findet kein klares Katalysator-Ausräumen statt. Immer wieder wird während des Katalysator-Ausräumens ein mageres Luft-Kraftstoff-Gemisch gefahren und somit der Sauerstoffspeicher wieder gefüllt. Deswegen wird durch eine Begrenzung des Mittelwerts der Sprung-Lambdasonden-Spannung vor dem DWK auf Werte größer $U_{nK} \geq 0,5\,\text{V}$ die Situationen aussortiert, bei denen durch den großen Anteil an magerem Luft-Kraftstoff-Gemische kein richtiges Katalysator-Ausräumen stattfindet. Im Motorsteuergerät kann durch andere Messgrößen, die in den vorhandenen Messungen nicht aufgezeichnet wurden, evtl. eine bessere Entscheidung für das Aussortieren getroffen werden. Damit ist die Anzahl des Katalysator-Ausräumens für den neuen DWK 38, für den alten DWK 33 und für den EDL-DWK 287. Für das Training werden 12 Merkmalsvektoren des neuen und 104 des EDL-DWKs verwendet.

Bei der Vorverarbeitung der FD-2K-SVM aus Gl. (5.30) wird die letzte Zeile durch

$$\bar{U}_{\mathrm{vK}}^{\mathrm{n}}(j) = \frac{\bar{U}_{\mathrm{vK}}(j) - \min\limits_{i \in \mathcal{T}^+}\left(\bar{U}_{\mathrm{vK}}(i)\right)}{\operatorname*{std}\limits_{i \in \mathcal{T}^+}\left(\bar{U}_{\mathrm{vK}}(i)\right)} \tag{8.5}$$

und bei der FD-1K-SVM aus Gl. (6.19) wird die letzte Zeile durch

$$\bar{U}_{\mathrm{vK}}^{\mathrm{n}}(j) = \frac{-\left(\bar{U}_{\mathrm{vK}}(j) - \max\limits_{i \in \mathcal{T}}\left(\bar{U}_{\mathrm{vK}}(i)\right)\right)}{\operatorname*{std}\limits_{i \in \mathcal{T}}\left(\bar{U}_{\mathrm{vK}}(i)\right)} \tag{8.6}$$

ersetzt.

Es ist sichtbar, dass auch im dritten Fall ähnliche Ergebnisse, wie in den beiden Abbildungen zuvor, erzielt werden können. Beide Verfahren sind in der Lage, alle Merkmalsvektoren richtig zu klassifizieren. Ohne die Einschränkung der Spannung ist dies allerdings nicht möglich. Aber zum einen wird bei den ersten beiden Fahrzeugen auch nur eine Auswertung vorgenommen, wenn das Katalysator-Ausräumen durchgeführt wurde. Durch diese Begrenzung werden nur wenige Situationen aussortiert. Damit wird auch deutlich, dass trotz des geringeren Informationsgehalts der Sprung-Lambdasonde, mit einer kleinen Einschränkung die Fehlerdetektion möglich ist. Es sei darauf hingewiesen, dass die klassische Fehlerdetektion mit dieser Konfiguration Probleme haben kann.

Die in den Abbildungen gezeigten Beispiele haben alle eine Trennfläche identifiziert, die alle Merkmalsvektoren des EDL-DWKs richtig einsortiert (100 % Fehlerdetektion). In der Praxis kann eine Fehlerdetektion von 100 % auch nicht für eine große Trainingsbasis garantiert werden, da nicht alle Störeinflüsse für jede erdenkliche Situation im Training erfasst werden können. Als Lösung kann das 2aus3-Verfahren dienen, bei dem jeweils drei einzelne Ergebnisse zu einem robusteren Gesamtergebnis zusammengefasst werden. Das Gesamtergebnis entspricht der Mehrheit der einzelnen Ergebnisse. Diese kann auch bei dem dritten Fahrzeug eingesetzt und dafür die Einschränkung gelockert werden.

8.2.3 Zustandsbestimmung

Wie in Kapitel 7 vorgeschlagen, werden bei der experimentellen Untersuchung nur die Merkmalsvektoren für die Berechnung des Zustands verwendet, die innerhalb des Wertebereichs der Merkmalsvektoren im Training des EDL-DWKs liegen. Gerade bei dem neuen und alten DWK gibt es Merkmalsvektoren, die vor allem auf Grund der höheren Dauer des Sauerstoffaustrags außerhalb dieses Bereichs liegen. Bei dem EDL-DWK liegen keine oder nur sehr wenige Merkmalsvektoren außerhalb des Bereichs. Die Untersuchung wird nur an den Fahrzeugen mit 12 und 4 Zylindern durchgeführt, da das Fahrzeug mit drei Zylindern eine sehr geringe Datenbasis des neuen und alten DWKs aufweist. Bei dem Fahrzeug mit 12 Zylindern bleiben 84 Merkmalsvektoren des neuen, 51 Merkmalsvektoren des alten und 61 Merkmalsvektoren des EDL-DWKs für die Zustandsbestimmung. Bei dem Fahrzeug mit 4 Zylindern sind es 21 Merkmalsvektoren des neuen, 69 Merkmalsvektoren des alten und 203 Merkmalsvektoren des EDL-DWKs für die Zustandsbestimmung. Die deutlich größere Abnahme der Merkmalsvektoren bei dem Fahrzeug mit 4 Zylindern liegt an den Merkmalsvektoren im Training. Diese sind alle aus mehreren amerikanischen *Federal Test Procedure* Abgastests, die ein Katalysator-Ausräumen mit hoher Temperatur des DWKs

und geringem Abgasmassenstrom und einer daraus resultierenden vergleichsweise langen
Dauer des EDL-DWKs bei einem Sauerstoffaustrag nicht abdeckt. Mit normalen Stra-
ßenfahrten und dem modifizierten neuen europäischen Fahrzyklus kann diese Situation
oftmals gut abgedeckt werden.

Abbildung 8.9 zeigt den bereits in Kapitel 7 verwendeten *Boxplot* für die normierte
Distanz aus Gl. (7.1) und (7.3) der FD-2K-SVM (oben) und FD-1K-SVM (unten) anhand der beiden Fahrzeuge mit 12 (links) und 4 (rechts) Zylindern. Die Abbildung 8.9

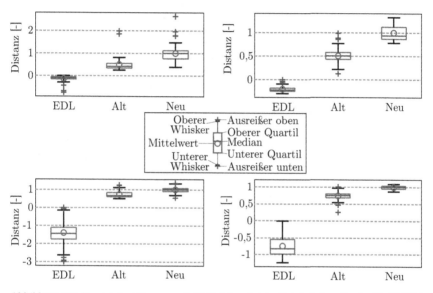

Abbildung 8.9: Boxplot der Fahrzeuge mit 12 (links) und 4 (rechts) Zylindern für die FD-2K-SVM
(oben) und die FD-1K-SVM (unten)

zeigt grundsätzlich ein ähnliches Bild, wie in der Simulationsstudie. Der Median und der
Mittelwert von der Distanz ist bei allen vier Abbildungen bei dem neun DWK am größten
und nimmt bei dem gealterten und EDL-DWK immer weiter ab. Bei der FD-2K-SVM
ist ebenfalls zu erkennen, dass der Bereich, in dem 50 % der Werte (Box) liegen, mit
der Alterung kleiner wird. Bei der FD-1K-SVM ist der Bereich für den alten und neuen
DWK ungefähr gleichgroß und der des EDL-DWKs deutlich größer. Da die genaue Sauerstoffspeicherfähigkeit nicht bekannt ist, kann keine Aussage über den Verlauf der Distanz
gegeben werden. Verläuft die Abnahme der Distanz im gleichen Verhältnis wie bei der
Simulationsstudie, dann ist bei dem alten DWK fast die Hälfte des Sauerstoffspeichers
nicht mehr verfügbar. Das ist besonders gut bei der FD-2K-SVM zu erkennen. Trotz der
Störungen im realen System, bestätigen sich die Ergebnisse der Simulationsstudie und
damit kann die Zustandsüberwachung im Fahrzeug verwendet werden.

8.3 Zusammenfassung und Diskussion der Ergebnisse

Die in dem vorliegenden Kapitel vorgestellte experimentelle Untersuchung der Merkmalsgenerierung (Kapitel 4), der Fehlerdetektion mit der FD-2K-SVM (Kapitel 5), der Fehlerdetektion mit der FD-1K-SVM (Kapitel 6) und der Zustandsbestimmung (Kapitel 7), werden anhand von Messdaten aus drei verschiedenen Fahrzeugen mit den unter MATLAB®
und SIMULINK® implementierten Verfahren untersucht. Für die Implementierung des
hybriden Automaten wird die *Toolbox Stateflow* verwendet. Die drei Fahrzeuge unterscheiden sich in der Größe und Anordnung des DWKs. In dem dritten Fahrzeug ist zusätzlich
die Breitband-Lambdasonde vor dem DWK durch eine günstigere Sprung-Lambdasonde
ersetzt. Dadurch wird das Katalysator-Ausräumen stärker gestört.

Die Merkmalsgenerierung zeigt, dass sie weitestgehend aus der Simulationsstudie verwendet werden kann. Nur am Anfang einer Fahrt, wenn der DWK und die Lambdasonden noch keine Betriebstemperatur erreicht haben, muss die Zustandsüberwachung
ausgeschaltet werden. Außerdem kann es im Fahrzeug auf Grund von verschiedenen Anforderungen dazu kommen, dass kein Katalysator-Ausräumen nach dem Schubbetrieb
ausgeführt oder das Katalysator-Ausräumen vor dem Ende des Sauerstoffaustrags abge-
brochen wird. Dabei darf auch keine Auswertung stattfinden.

Die Ergebnisse der Untersuchung mit der FD-2K-SVM und der FD-1K-SVM zeigen die
Wirksamkeit der Verfahren für reale Probleme. Solange die Merkmalsvektoren im Training
den Merkmalsraum des EDL-DWKs gut abdecken, reichen schon relativ wenige Merkmalsvektoren zur Identifikation der Trennfläche aus. Außerdem zeigen die Abbildungen, dass
die Merkmalsvektoren und die Trennfläche problemlos in den ursprünglichen Wertebereich gebracht werden können und eine Interpretierbarkeit durch den Anwender somit
gewährleistet werden kann. Die maximale Anzahl an Stützvektoren für die FD-2K-SVM
ist mit sechs klein genug und für die FD-1K-SVM werden im Normalfall noch weniger
Stützvektoren gebraucht. Der verwendete Polynom-*Kernel* zweiter bzw. dritter Ordnung
zusammen mit der Anzahl an Stützvektoren erlaubt eine Implementierung in heutigen
Motorsteuergeräten.

Die Abhängigkeit der Distanz eines Merkmalsvektors zur Trennfläche der SVM kann
in allen drei Testdatensätzen nachgewiesen werden. Diese sind zwar nicht komplett unabhängig von den Einflussgrößen, doch die Alterung ist ein langsamer Prozess und somit
ist es möglich, nicht alle Ergebnisse zu benutzen und zum Beispiel nur den durch den
EDL-DWK aufgespannten Merkmalsraum zu betrachten oder über mehrere einzelne Berechnungen zu mitteln. Außerdem ähneln sich die Bedingungen der meisten Schübe im
Betrieb sehr stark.

9 Zusammenfassung und Ausblick

9.1 Zusammenfassung

In der vorliegenden Arbeit wird eine ereignis- und datenbasierte Zustandsüberwachung für driftende Zustandsänderungen entwickelt. Motiviert wird die Arbeit durch die Tatsache, dass Systeme im Betrieb häufig Stress ausgesetzt sind und sich dadurch eine langsam driftende Zustandsänderung ergibt, die anfangs noch akzeptabel ist. Ab einem bestimmten Wert der Zustandsänderung zeigt das System ein inakzeptables Verhalten und es liegt ein driftender Fehler vor. In den stationären Betriebszuständen lassen sich solche Fehler mit der vorhandenen Sensorik nicht immer überwachen und eine Zustandsüberwachung für dynamische Betriebszustände wird benötigt. Die Modellierung für eine modellbasierte Zustandsüberwachung ist aus wirtschaftlicher Sicht für das Verhalten der dynamischen Betriebszustände oftmals nicht umsetzbar. In den letzten Jahren haben datenbasierte Verfahren gezeigt, dass sie häufig einen guten Kompromiss zwischen Performanz und Kosten einer Zustandsüberwachung bieten. Allerdings ist eine Anwendung in dynamischen Betriebszuständen nicht ohne weiteres möglich.

Die neue Zustandsüberwachung ist zur Erläuterung in Abbildung 9.1 dargestellt. Bei

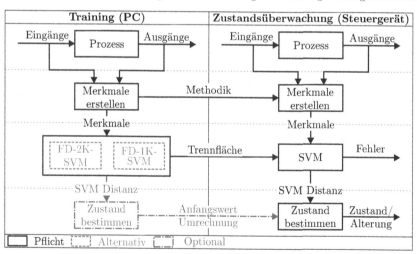

Abbildung 9.1: Struktur der Zustandsüberwachung für Fahrzeuge

der datenbasierten Zustandsüberwachung werden zwei Phasen unterschieden. In der Trainingsphase wird durch Beispiel-Merkmalsvektoren die Zustandsüberwachung trainiert und im Einsatz die gewonnen Regeln und Methoden aus dem Training angewendet, um den Zustand des aktuellen Systems auszuwerten.

Zuerst werden Daten für das Training erstellt. Für beide in dieser Arbeit neu vorgestellten Verfahren werden Messdaten von dem System am Ende der nutzbaren Lebensdauer benötigt. Dabei handelt es sich um das beste fehlerhafte System. Zusätzlich werden für die Fehlerdetektion-Zwei-Klassen-*Support Vector Machine* Daten des neuen Systems oder dem System mit einer Vorstufe des Fehlers gebraucht. Als Anwendungsbeispiel wird in dieser Arbeit die Zustandsüberwachung eines Drei-Wege-Katalysators in einem Ottomotor mit Direkteinspritzung präsentiert. Dafür wird in Kapitel 3 ein Modell des Drei-Wege-Katalysators eingeführt und in den folgenden Kapiteln für eine Simulationsstudie herangezogen.

Im zweiten Teil werden aus den Messdaten Merkmale extrahiert, die Informationen über die aktuelle Zustandsänderung enthalten. Da das Verfahren auf die Zustandsüberwachung von dynamischen Betriebszuständen abzielt, besteht dieser Schritt aus zwei Teilen. Zuerst wird entschieden, welche Situationen Informationen über den Zustand des Systems enthalten und danach, wie diese Informationen in Form von einfachen Merkmalen extrahiert werden können. Die Aufgaben sind also die Detektion der entsprechenden Situation und die Berechnung der Merkmale. In dieser Arbeit wird dafür Expertenwissen verwendet. Für die Umsetzung wird in Kapitel 4 der Einsatz eines hybriden Automaten vorgeschlagen, da dieser die Merkmalsgenerierung übersichtlich darstellen kann und hybride Automaten in heutigen Fahrzeugen schon eingesetzt werden.

Wie in der Abbildung zu sehen ist, gibt es für die Umsetzung der Fehlerdetektion zwei Möglichkeiten. Zum einen die Verwendung der Fehlerdetektion-Ein-Klassen-*Support Vector Machine*, bei der nur Trainingsdaten des Systems am Ende der nutzbaren Lebensdauer gebraucht werden, oder zum andern die Fehlerdetektion-Zwei-Klassen-*Support Vector Machine*, bei der im Training das neue oder ein System mit der Vorstufe des Fehlers und das System am Ende der nutzbaren Lebensdauer benötigt werden. Für die Fehlerdetektion-Ein-Klassen-*Support Vector Machine* wird eine Ursprungsverschiebung eingeführt, die den Einsatz der normalen Ein-Klassen-*Support Vector Machine* ermöglicht. Für die Fehlerdetektion-Zwei-Klassen-*Support Vector Machine* wird das Optimierungsproblem der normalen Zwei-Klassen-*Support Vector Machine* für eine Verbesserung der Performanz modifiziert. Beide Verfahren identifizieren mehrere Stützvektoren, durch die eine Trennfläche zur Unterscheidung zwischen inakzeptablem und akzeptablem System beschrieben wird. Im Motorsteuergerät können beide Verfahren für die Klassifizierung die gleiche Berechnung verwenden, wobei die Vorverarbeitung in aller Regel unterschiedlich ist. Die Berechnung entscheidet anhand der Lage zu der Trennfläche, ob das System akzeptabel oder inakzeptabel ist. Beide Verfahren eignen sich für die Fehlerdetektion bei driftenden Fehlern, wobei die Fehlerdetektion-Zwei-Klassen-*Support Vector Machine* auf Grund der zusätzlichen Informationen durch das neue System eine bessere Performanz erzielen kann und die Fehlerdetektion-Ein-Klassen-*Support Vector Machine* durch den Wegfall von Messungen im Training die Kosten reduziert.

Die Zustandsbestimmung läuft für beide Varianten weitestgehend gleich ab. Sie arbeitet mit der *Support Vector Machine*-Distanz, welche ein Zwischenergebnis der *Support Vector Machine* ist. Die Distanz in einer *Support Vector Machine* ist ein Maß für die Ähnlichkeit eines Systems zu dem System, das die Merkmalsvektoren auf der Trennfläche erzeugt. Die Distanz ist dabei eine dimensionslose Größe, die im Wert stark variieren kann. Deswegen wird sie mit der Distanz des neuen Systems normiert. Die Distanz des neuen Systems kann bereits im Training identifiziert werden, wenn das neue System im Training vorhanden ist, oder erst am Anfang des Betriebs. In manchen Fällen ist eine Übersetzung der Distanz in eine physikalische Größe erwünscht, was zum Beispiel über eine Kennlinie gelöst werden kann. Durch zusätzliche Berechnungen im Training können also zusätzliche Information über den Zustand gewonnen werden, aber für die Grundfunktionalität sind diese nicht nötig.

Im Rahmen der Zusammenarbeit mit der IAV GmbH wurde die vorgestellte Zustandsüberwachung mit Messdaten aus verschiedenen Fahrzeugen anhand der Drei-Wege-Katalysator-Zustandsüberwachung während des Katalysator-Ausräumens erfolgreich getestet. Hierbei wurde gezeigt, dass es möglich ist, das Verfahren für Motorsteuergeräte verschiedener Hersteller einzusetzen. Außerdem konnte gezeigt werden, dass auch bei einer Zustandsüberwachung mit zwei Sprung-Lambdasonden anstatt einer Breitband- und einer Sprung-Lambdasonde die Funktionsfähigkeit noch gegeben ist.

9.2 Ausblick

In Fahrzeugen wird eine Regelung nicht selten für das System im Neuzustand ausgelegt. Durch die driftende Zustandsänderung der Komponenten im System wird die Performanz der Regelung oftmals negativ beeinflusst. Zum Beispiel steigt durch die Abnahme der Sauerstoffspeicherfähigkeit des Drei-Wege-Katalysators die Menge der ausgestoßenen Emission. Die negativen Auswirkungen der Vorstufe des driftenden Fehlers können durch eine zustandsbasierte Regelung verringert werden.

Neben dem aktuellen Zustand einer Komponente ist es häufig hilfreich, den Zeitpunkt des Endes der nutzbaren Lebensdauer vor seinem Auftreten zu kennen. Dafür ist eine Fehlerprognose nötig, welche in vielen Veröffentlichungen einen großen Ressourcenbedarf haben. Für die Implementierbarkeit in einem Motorsteuergerät eignen sich nach heutigem Stand der Technik nur einfache Methoden, wie die in Louen, Ding und Kandler (2013) vorgeschlagene Schätzung durch Verwendung einer Weibull-Funktion (Weibull, 1951).

Durch die Zustandsüberwachung vieler Komponenten und Systeme in einem Fahrzeug kann die Instandhaltung optimiert und dadurch die Kosten der Instandhaltung gesenkt werden. Gerade im Hinblick auf Fahrzeuge, bei denen regelmäßig erst andere Komponenten für den Austausch der defekten Komponente ausgebaut werden müssen, bietet die zustandsbasierte Instandhaltung ein erhebliches Potential zur Kostenreduktion.

A Anhang

A.1 Modellparameter

In diesem Teil der Arbeit werden die für die Simulationsstudie aus den Kapiteln 4, 5, 6 und 7 verwendeten Parameter für das in Kapitel 3 erläuterte Modell gegeben. Dabei bauen die Parameter, wie schon die Modellierung, auf den Arbeiten von Auckenthaler (2005), Möller u. a. (2009), Guzzella und Onder (2010) und Kiwitz (2012) auf. Allerdings sind die Parameter an die vorhandenen Messdaten aus den Fahrzeugen angepasst. Zuerst werden die Parameter des neuen DWK dargestellt und danach die verschiedenen simulierten Altersstufen und Betriebsbedingungen.

Konzentration vor dem DWK

Die Konzentration der Stoffe vor dem DWK werden anhand von Kennlinien mit den in Tabelle A.1 gegebenen Werten in Abhängigkeit von λ_{vK} bestimmt, dabei entsprechen die Werte weitestgehend den in Guzzella und Onder (2010) gezeigten Kennlinien. Außerhalb

Tabelle A.1: Konzentration am Eingang des DWKs in [%]

Stoff/λ_{vK}	0,90	0,92	0,94	0,96	0,98	1,00	1,02	1,04	1,06	1,08	1,10
O_2	0,29	0,35	0,39	0,44	0,52	0,64	0,87	1,10	1,45	1,78	2,13
H_2	1,13	0,94	0,72	0,53	0,38	0,22	0,12	0,06	0,05	0,04	0,04
CO	3,86	3,23	2,62	2,01	1,47	1,07	0,82	0,58	0,54	0,49	0,48
H_2O	12,00	12,00	12,00	12,00	12,00	12,00	12,00	12,00	12,00	12,00	12,00
CO_2	11,62	11,95	12,26	12,55	12,80	13,01	12,98	12,90	12,69	12,49	12,24

der Tabelle wird der Wert extrapoliert, wobei ein maximaler und minimaler Grenzwert für die Konzentration jeder Komponente festgesetzt wird. Dieser wird unter anderem aus der Konzentration der Komponente in der Luft gewonnen. Die Werte der Kennlinie müssen im Anschluss, wie in Kapitel 3 angegeben, in die Einheit [ppm] umgerechnet werden.

Die Lambdasonden

Die Grundlage der Parameter für die Sensormodelle bilden Auckenthaler (2005) und Guzzella und Onder (2010). Die an die vorhandenen Messdaten angepassten Parameter sind in Tabelle A.2 dargestellt. Durch die leicht veränderten Werte der Sprung-Lambdason-

Tabelle A.2: Parameter der Sensorik Modelle

	L_1	L_2	L_3	L_4	L_5	L_6	L_7	τ_{Sp}	τ_{Br}
Wert	0,15	0,5	110	0,099	0,08	-3000	0,03475	10	10
Einheit	[V]	[1/ppm]	[1/ppm]	[1/ppm]	[V]	[1/ppm]	[V]	[ms]	[ms]

de wird das Spannungsplateau nach dem Schubbetrieb bei der gleichen Spannung wie in den Messungen dargestellt. Die Zeitkonstanten für die beiden Lambdasonden sind der Literatur entnommen und entsprechen dem neuen Zustand.

Chemisches Modell

Die meisten der in dieser Arbeit verwendeten Parameter für die chemische Modellierung stammen ebenfalls aus den zuvor genannten Arbeiten. Für den Vorfaktor und die Energie der Reaktions- und Gleichgewichtskonstanten der Reaktion werden die in Tabelle A.3 gezeigten Werte eingestellt.

Tabelle A.3: Reaktions- und Kinetikkonstanten des Sauerstoffspeichermechanismus

Reaktion	Vorfaktor $\left[\frac{1}{s}\right]$	Energie $\left[\frac{J}{mol}\right]$
$O_2 + 2Ce_2O_3 \rightleftharpoons 2Ce_2O_4$	$A_{O_2} = 1{,}61 \cdot 10^4$	$E_{O_2} = 10\,000$
$H_2O + Ce_2O_3 \rightleftharpoons H_2 + Ce_2O_4$	$A_{H_2} = 1{,}99 \cdot 10^9$	$E_{H_2} = 160\,000$
$CO_2 + Ce_2O_3 \rightleftharpoons CO + Ce_2O_4$	$A_{CO} = 4{,}10 \cdot 10^{14}$	$E_{CO} = 230\,000$

Die dafür benötigten Näherungen für die Enthalpie und Entropie der betrachteten Stoffe im Modell werden in Tabelle A.4 aufgeführt.

Tabelle A.4: Thermodynamische Eigenschaften der beteiligten Stoffe

Enthalpien	Funktion $\left[\frac{J}{mol}\right]$
$H_{O_2,n}$	$= -1{,}844 \cdot 10^3 + 33{,}230 \cdot T_{K,n}$
$H_{H_2,n}$	$= -4{,}490 \cdot 10^2 + 29{,}606 \cdot T_{K,n}$
$H_{H_2O,n}$	$= -2{,}410 \cdot 10^5 + 38{,}514 \cdot T_{K,n}$
$H_{CO,n}$	$= -1{,}150 \cdot 10^5 + 31{,}514 \cdot T_{K,n}$
$H_{CO_2,n}$	$= -4{,}010 \cdot 10^5 + 50{,}180 \cdot T_{K,n}$
$H_{Ce_2O_4,n} - H_{Ce_2O_3,n}$	$= -2{,}500 \cdot 10^5 + 54300 \cdot \theta^2_{Ce_2O_4,n}$

Entropien	Funktion $\left[\frac{J}{mol \cdot K}\right]$
$S_{O_2,n}$	$= 189{,}8 + 0{,}07301 \cdot T_{K,n} - 1{,}915 \cdot 10^{-5} \cdot T^2_{K,n}$
$S_{H_2,n}$	$= 118{,}1 + 0{,}06602 \cdot T_{K,n} - 1{,}780 \cdot 10^{-5} \cdot T^2_{K,n}$
$S_{H_2O,n}$	$= 172{,}7 + 0{,}07873 \cdot T_{K,n} - 1{,}863 \cdot 10^{-5} \cdot T^2_{K,n}$
$S_{CO,n}$	$= 183{,}9 + 0{,}06799 \cdot T_{K,n} - 1{,}732 \cdot 10^{-5} \cdot T^2_{K,n}$
$S_{CO_2,n}$	$= 189{,}3 + 0{,}10563 \cdot T_{K,n} - 1{,}732 \cdot 10^{-5} \cdot T^2_{K,n}$
$S_{Ce_2O_4,n} - S_{Ce_2O_3,n}$	$= 5{,}03$

Physikalisches Modell

Die für das physikalische Modell benötigten Parameter sind in Tabelle A.5 dargestellt. Hierbei handelt es sich um DWK-spezifische und abgasspezifische Parameter. Die DWK-spezifischen Parameter sind für einen anderen DWK neu einzustellen. Beispielsweise ist die Geometrie bei unterschiedlichen Fahrzeugen verschieden und so müssen der Radius und die Länge entsprechend verändert werden.

Tabelle A.5: Parameter der physikalischen Modellierung des DWKs

Parameter	Beschreibung	Wert	Einheit
A_V	Spezifische Oberfläche pro Volumen des DWKs	22817,0935	$\left[\frac{m^2}{m^3}\right]$
c_0	Totale Abgaskonzentration	41,5735	$\left[\frac{mol}{m^3}\right]$
$c_{p,A}$	Spezifische Wärmekapazität des Abgases	1300	$\left[\frac{J}{kg \cdot K}\right]$
$c_{p,K}$	Spezifische Wärmekapazität des DWKs	800	$\left[\frac{J}{kg \cdot K}\right]$
$cpsi$	Zellendichte des DWKs	400	$\left[\frac{1}{in^2}\right]$
C_{O_2}	Sauerstoffspeicherkapazität des DWKs	300	$\left[\frac{mol}{m^3}\right]$
l_K	Länge des DWKs	0,01	$[m]$
m_K	Gesamtmasse des Drei-Wege-Katalysators	0,54	$[kg]$
M_A	Molare Masse des Abgases	0,028833	$\left[\frac{kg}{mol}\right]$
n_Z	Anzahl der Zellen im Modell	5	$[-]$
p_U	Umgebungsluftdruck	101325	$[Pa]$
R	Universelle Gaskonstante	8,314	$\left[\frac{J}{mol \cdot K}\right]$
r_K	Radius des DWKs	0,0591	$[m]$
V_K	Drei-Wege-Katalysator Volumen	$9,876 \cdot 10^{-4}$	$[m^3]$
α	Wärmeübergangskoeffizient	143	$\left[\frac{W}{m^2 \cdot K}\right]$
ϵ	Kompressionsfaktor	0,8	$[-]$

A.2 Betrachtete Simulationen

Dieser Abschnitt behandelt die simulierten Betriebsbedingungen und die betrachteten Altersstufen des DWKs. Hier ist zu erwähnen, dass das Modell mit einem *Stiff Solver* simuliert werden muss.

Betriebsbedingungen

Wie im Hauptteil erläutert, sind die in dieser Arbeit betrachteten Betriebsbedingungen der Abgasmassenstrom durch den DWK $\dot{m}_A$, das Luft-Kraftstoff-Gemisch vor dem DWK λ_{vK} und die Temperatur des Abgases vor dem DWK $\vartheta_{A,vK}$. Die verwendeten Werte für die Einflussgrößen sind in Tabelle A.6 gegeben. Im realen Betrieb liegt der Massenstrom

Tabelle A.6: Simulierte Betriebsbedingungen

Größe	Einheit	Werte									
$\dot{m}_A$	[kg/h]	5,0	6,0	7,0	8,0	9,0	10,0	11,0	12,0	13,0	14,0
		15,0	16,0	17,0	18,0	19,0	20,0	22,5	25,0	27,5	30,0
		35,0	40,0	50,0	60,0	70,0					
λ_{vK}	[−]	0,85	0,95								
$\vartheta_{A,vK}$	[°C]	520	550	580	610	640	670	700	730	760	790

während des Katalysator-Ausräumens meistens bei kleinen bis mittelgroßen Abgasmassenströmen. Die minimale und maximale Abgastemperatur hängt dabei von vielen Faktoren ab. Es gibt Fahrzeuge, in denen die Abgastemperatur am DWK im normalen Betrieb auch bis auf $\vartheta_{A,vK} = 400\,^\circ\mathrm{C}$ runter geht. Meistens erreicht die Abgastemperatur am DWK aber dann nur eine geringere maximale Abgastemperatur. Innerhalb des Modells werden der Massenstrom und die Temperatur in kg/s und K verarbeitet, sodass eine entsprechende Umrechnung am Anfang des Modells benötigt wird.

Altersstufen des DWKs

Insgesamt werden über den Parameter C_{O_2} 200 verschiedene Altersstufen simuliert. Die resultierenden Sauerstoffspeicherfähigkeiten m_{O_2} sind in Tabelle A.7 gegeben. Davon werden die ersten 30 für den nicht mehr funktionsfähigen und die restlichen für den funktionsfähigen DWK verwendet.

Tabelle A.7: Simulierte Sauerstoffspeicherfähigkeiten m_{O_2} des DWKs in [mg]

Inakzeptabel	0	5	10	16	21	26	32	37	42	48
	53	58	64	69	74	79	85	90	95	101
	106	111	116	122	127	132	138	143	148	154
Akzeptabel	159	164	169	175	180	185	191	196	201	206
	212	217	222	228	233	238	243	249	254	259
	265	270	275	281	286	291	296	302	307	312
	318	323	328	333	339	344	349	355	360	365
	371	376	381	386	392	397	402	408	413	418
	423	429	434	439	445	450	455	461	466	471
	476	482	487	492	498	503	508	513	519	524
	529	535	540	545	551	556	561	566	572	577
	582	588	593	598	603	609	614	619	625	630
	635	640	646	651	656	662	667	672	678	683
	688	693	699	704	709	715	720	725	730	736
	741	746	752	757	762	768	773	778	783	789
	794	799	805	810	815	820	826	831	836	842
	847	852	858	863	868	873	879	884	889	895
	900	905	910	916	921	926	932	937	942	948
	953	958	963	969	974	979	985	990	995	1000
	1006	1011	1016	1022	1027	1032	1037	1043	1048	1053

A.3 Lagrange Dualität

Definition A.1 (Lagrange Funktion (Jungnickel, 2015)). Gegeben sei ein Minimierungsproblem der Form

$$\begin{aligned} \min\quad & g\left(\mathbf{x}\right) \\ \text{sodass}\quad & \mathbf{g}_{UB}\left(\mathbf{x}\right) \le 0 \\ & \mathbf{g}_{GB}\left(\mathbf{x}\right) = 0 \end{aligned} \tag{A.1}$$

mit $\mathbf{g}_{UB}\left(\mathbf{x}\right)$ und $\mathbf{g}_{GB}\left(\mathbf{x}\right)$ den Ungleichungs- und Gleichungsbedingungen. Dann ist die dazu gehörige Lagrange-Funktion durch

$$L\left(x, \boldsymbol{\alpha}, \boldsymbol{\zeta}\right) = g\left(x\right) + \boldsymbol{\alpha}^{\mathrm{T}}\mathbf{g}_{UB}\left(x\right) + \boldsymbol{\zeta}^{\mathrm{T}}\mathbf{g}_{GB}\left(x\right) \tag{A.2}$$

gegeben, wobei $\boldsymbol{\alpha}$ und $\boldsymbol{\zeta}$ die Lagrange Multiplikatoren der Ungleichungs- und Gleichungsbedingungen sind.

Definition A.2 (Lagrange Dualität (Jungnickel, 2015)). Eine duale Funktion $\Lambda(\cdot)$ für ein Minimierungsproblem der Form aus Gl. (A.1) und der Lagrange-Funktion aus Gl. (A.2) kann mit

$$\Lambda(\boldsymbol{\alpha}, \boldsymbol{\zeta}) = \inf\{L(x, \boldsymbol{\alpha}, \boldsymbol{\zeta})\} \tag{A.3}$$

beschrieben werden. Das dazu gehörige duale Maximierungsproblem ist mit

$$\begin{aligned} \max \quad & \Lambda(\boldsymbol{\alpha}, \boldsymbol{\zeta}) \\ \text{sodass} \quad & \boldsymbol{\alpha} \geq 0 \end{aligned} \tag{A.4}$$

gegeben.

Theorem A.1 (Notwendige Karush-Kuhn-Tucker-Bedingungen (Jungnickel, 2015)). *Gegeben sei ein Minimierungsproblem mit der Form aus Gl. (A.1) und die Funktionen $g(\mathbf{x})$, $\mathbf{g}_{\mathrm{UB}}(\mathbf{x})$ und $\mathbf{g}_{\mathrm{GB}}(\mathbf{x})$ seien stetig differenzierbar. Für eine regulären Punkt $\mathbf{x}^*$ des primären Problems, der ein lokales Minimum von $g(\cdot)$ ist, gibt es einen Karush-Kuhn-Tucker-Punkt $(\mathbf{x}^*, \boldsymbol{\alpha}^*, \boldsymbol{\zeta}^*)$. Der Karush-Kuhn-Tucker-Punkt erfüllt dabei die Bedingungen*

$$\begin{aligned} \nabla g(x) + \boldsymbol{\alpha}^{\mathrm{T}} \nabla \mathbf{g}_{\mathrm{UB}}(x) + \boldsymbol{\zeta}^{\mathrm{T}} \nabla \mathbf{g}_{\mathrm{GB}}(x) &= 0 \\ \mathbf{g}_{\mathrm{UB}}(x) &\leq 0 \\ \mathbf{g}_{\mathrm{GB}}(x) &= 0 \\ \boldsymbol{\alpha} &\geq 0 \\ \boldsymbol{\alpha}^{\mathrm{T}} \mathbf{g}_{\mathrm{UB}}(x) &= 0. \end{aligned} \tag{A.5}$$

Für konvexe primäre Probleme sind die Karush-Kuhn-Tucker-Bedingungen sogar ein hinreichendes Optimalitätskriterium. Jeder Karush-Kuhn-Tucker-Punkt ist durch die Konvexität ein globales Minimum.

A.4 Simulationsstudie

Dieser Teil der Arbeit zeigt einige der Ergebnisse von der Simulationsstudie des DWKs ohne die in den Kapiteln getroffenen Vereinfachungen.

In Abbildung A.1 ist, wie in Abbildung 6.8, die Fehlklassifikationsrate der 2K-SVM, FD-2K-SVM und FD-1K-SVM dargestellt. Im Unterschied zu der Abbildung in Kapitel 6, wird hier auch das Luft-Kraftstoff-Gemisch vor dem DWK λ_{vK} variiert und mit dem Merkmalsvektor aus Gl. (4.12) gearbeitet. Für das Training werden 250 zufällig gewählte Merkmalsvektoren verwendet, was einem Drittel der verfügbaren Daten entspricht.

Es ist sichtbar, dass die Fehlklassifikationsrate der FD-1K-SVM, im Vergleich zu den anderen beiden gezeigten Verfahren, deutlich stärker gestiegen ist. Hintergrund ist die geringe Information über den akzeptablen DWK. Dadurch ist ein besseres Ergebnis nur mit einem komplexeren *Kernel* oder durch Einschränkung der Betriebsbedingungen zu erreichen. Zum Beispiel ist die Performanz der FD-1K-SVM bei einer Begrenzung des Abgasmassenstroms auf $\dot{m}_{\mathrm{A}} < 30\,\mathrm{kg/h}$ fast identisch mit der Performanz der FD-2K-SVM.

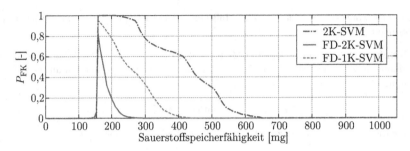

Abbildung A.1: Fehlklassifikationsrate der 2K-SVM, FD-2K-SVM und FD-1K-SVM mit dem dreidimensionalen Merkmalsvektor

Durch die Einschränkung wird nur ein geringer Anteil der Situation nicht ausgewertet, da diese nur bei einer stärkeren Beschleunigung nach dem Schubbetrieb vorkommen.

Der Wertebereich des Abgasmassenstromes, dem Luft-Kraftstoff-Gemisch und der Abgastemperatur vor dem DWK ist sehr groß gewählt. Wie die experimentelle Untersuchung gezeigt hat ist es üblich, für das Katalysator-Ausräumen nur einen oder zwei verschiedene Werte für das Luft-Kraftstoff-Gemisch zu verwenden. Die gewählten Werte des Abgasmassenstroms werden im Realen zwar erreicht, doch sind hohe Abgasmassenströme während des Sauerstoffaustrags selten.

A.5 Experimentelle Untersuchung eines Drei-Wege-Katalysators

In diesem Abschnitt sind weitere Ergebnisse der experimentellen Untersuchung an dem Fahrzeug mit den 12 Zylindern gegeben.

Fehlerdetektion

Bei allen vier motornahen DWKs des Fahrzeugs mit den 12 Zylindern konnten die FD-2K-SVM und FD-1K-SVM so trainiert werden, dass die Fehlklassifikationsrate für den neuen, alten und EDL-DWK gleich Null ist. Für alle vier DWKs gibt es die zusätzlichen Messungen mit fünf sehr stark gealterten Altersstufen des DWKs. Die Altersstufen sind schon sehr nah an dem EDL-DWK und somit sind Fehlklassifikationen normal. In Abbildung A.2 sind die Fehlklassifikationsraten der vier motornahen DWKs für die fünf Altersstufen dargestellt. In den vier Teilen der Abbildung sind jeweils die Ergebnisse von einem der vier DWKs gezeigt, wobei der erste Balken in jeder Altersstufe die Fehlklassifikationsrate der FD-2K-SVM, der zweite die Fehlklassifikationsrate der FD-1K-SVM und der dritte die Anzahl der auswertbaren Situationen sind. Die Ergebnisse links oben sind die bereits in Kapitel 8 gezeigten Ergebnisse. Es ist sichtbar, dass in manchen Fällen die FD-2K-SVM und in anderen Fällen die FD-1K-SVM das bessere Ergebnis liefern. Es kann festgehalten werden, dass für den Einsatz im Fahrzeug mit beiden Verfahren eine ähnliche Performanz erreicht werden kann.

Bis auf eine Ausnahme rechts unten (FD-1K-SVM), wird bei allen vier DWKs mit beiden Verfahren die erste Altersstufe noch komplett als akzeptabel bewertet. Bei den Altersstufen danach steigt die Fehlklassifikationsrate an. Wie schon im Kapitel 8 erwähnt,

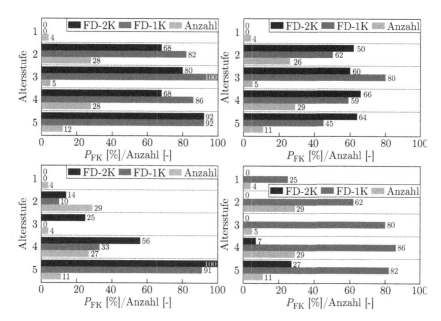

Abbildung A.2: Fehlklassifikationsrate und Anzahl der vier motornahen DWKs für die fünf sehr stark gealterten Altersstufen

sind die DWKs schon so stark gealtert, dass die Fehlklassifikationsraten aus der Abbildung im Bereich des Erwarteten liegen.

Zustandsbestimmung

In der folgenden Abbildung sind die *Boxplots* für die SVM-Distanz der drei nicht im Kapitel 8 gezeigten motornahen DWKs des Fahrzeugs mit 12 Zylindern dargestellt. Dabei sind jeweils oben die Ergebnisse mit der FD-2K-SVM und unten die Ergebnisse mit der FD-1K-SVM abgebildet. In den Ergebnissen der drei DWKs hat der neue DWK die größte Distanz, die dann bei dem alten und EDL-DWK immer weiter reduziert wird. Werden die drei hier und der in Abbildung 8.9 gezeigten *Boxplots* verglichen fällt auf, dass jeweils zwei eine große Ähnlichkeit aufweisen. So ist zum Beispiel der Mittelwert für die Distanz des alten DWKs in der Mitte und rechts größer als bei den beiden anderen. Ein Grund hierfür kann die Entfernung der DWKs vom Motor sein. Je weiter diese vom Motor entfernt sind, desto mehr kühlt das Abgas vorher ab und damit ergibt sich eine andere Alterung. In manchen Fahrzeugen werden auch unterschiedliche DWKs eingesetzt.

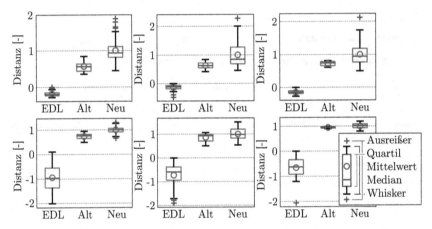

Abbildung A.3: *Boxplot* für die drei weiteren motornahen DWKs des 12 Zylinder Fahrzeugs mit der FD-2K-SVM (oben) und der FD-1K-SVM (unten)

Literatur

Alcala, C. F. und S. J. Qin (2010). „Reconstruction-Based Contribution for Process Monitoring with Kernel Principal Component Analysis". In: *Industrial & Engineering Chemistry Research* 49.17, S. 7849–7857.

Aldrich, C. und L. Auret (2013). *Unsupervised process monitoring and fault diagnosis with machine learning methods*. Advances in Computer Vision and Pattern Recognition. Springer London.

Anguita, D., A. Ghio, S. Pischiutta und S. Ridella (2007). „A Hardware-friendly Support Vector Machine for Embedded Automotive Applications". In: *Proceedings of the 2007 IEEE International Joint Conference on Neural Networks*. Orlando, USA, S. 1360–1364.

Auckenthaler, T. S. (2005). „Modelling and control of three-way catalytic converters". Diss. ETH Zürich.

Benkedjouh, T., K. Medjaher, N. Zerhouni und S. Rechak (2012). „Fault prognostic of bearings by using support vector data description". In: *Proceedings of the 2012 IEEE Conference on Prognostics and Health Management*. Denver, USA, S. 1–7.

Bishop, C. M. (2006). *Pattern recognition and machine learning*. Information Science and Statistics. Springer New York.

Blanke, M., M. Kinnaert, J. Lunze und M. Staroswiecki (2006). *Diagnosis and Fault-Tolerant Control*. 2nd. Springer Berlin Heidelberg.

Borgeest, K. (2014). *Elektronik in der Fahrzeugtechnik - Hardware, Software, Systeme und Projektmanagment*. 3. Aufl. ATZ/MTZ-Fachbuch. Vieweg + Teubner.

Boser, B. E., I. M. Guyon und V. N. Vapnik (1992). „A training algorithm for optimal margin classifiers". In: *Proceedings of the 5th annual workshop on Computational learning theory*. Pittsburgh, USA, S. 144–152.

Brandt, E. und J. Grizzle (2001). „Three-way catalyst diagnostics for advanced emissions control systems". In: *Proceedings of the 2001 IEEE American Control Conference*. Bd. 5. Arlington, USA, S. 3305–3311.

Cao, L., K. Chua, W. Chong, H. Lee und Q. Gu (2003). „A comparison of PCA, KPCA and ICA for dimensionality reduction in support vector machine". In: *Neurocomputing* 55.1–2, S. 321–336.

Chiang, L. H., R. D. Braatz und E. L. Russell (2001). *Fault Detection and Diagnosis in Industrial Systems*. Advanced Textbooks in Control and Signal Processing. Springer London.

Cortes, C. und V. Vapnik (1995). „Support-vector networks". In: *Machine Learning* 20.3, S. 273–297.

Cristianini, N. und J. Shawe-Taylor (2000). *An Introduction to Support Vector Machines: And Other Kernel-Based Learning Methods*. Cambridge University Press.

Crossman, J., H. Guo, Y. Murphey und J. Cardillo (2003). „Automotive signal fault diagnostics - part I: signal fault analysis, signal segmentation, feature extraction and quasi-optimal feature selection". In: *IEEE Transactions on Vehicular Technology* 52.4, S. 1063–1075.

Dejun, W., X. Tianliang, L. Chengdong und W. Lihua (2011). „Fault diagnosis of automobile engine based on support vector machine". In: *Proceedings of the 3rd International Conference on Advanced Computer Control*. Harbin, China, S. 320–324.

Ding, S. X. (2013). *Model-based Fault Diagnosis Techniques*. 2. Aufl. Advances in Industrial Control. Springer London.

Ding, S. X. (2014a). *Data-driven Design of Fault Diagnosis and Fault-tolerant Control Systems*. Advances in Industrial Control. Springer London.

Ding, S. X. (2014b). „Data-driven design of monitoring and diagnosis systems for dynamic processes: A review of subspace technique based schemes and some recent results". In: *Journal of Process Control* 24.2, S. 431–449.

Ding, S. X, S. Yin, P. Zhang, E. Ding und A. Naik (2009). „An approach to data-driven adaptive residual generator design and implementation". In: *Proceedings of the 7th IFAC Symposium on Fault Detection, Supervision and Safety of Technical Processes*. Barcelona, Spain, S. 941–946.

Ding, S. X., P. Zhang, E. Ding, S. Yin, A. Naik, P. Deng und W. Gui (2010). „On the Application of PCA Technique to Fault Diagnosis". In: *Tsinghua Science and Technology* 15.2, S. 138–144.

Ding, S. X., P. Zhang, T. Jeinsch, E. L. Ding, P. Engel und W. Gui (2011a). „A survey of the application of basic data-driven and model-based methods in process monitoring and fault diagnosis". In: *Proceedings of the 18th IFAC World Congress*. Milano, Italy, S. 12380–12388.

Ding, S. X., T. Jeinsch, E. Millich, H. Rabba, M. Schultalbers, P. Dünow, N. Weinhold und P. Zhang (2011b). „Verfahren und Vorrichtung zur Fehlerdiagnose mechatronischer Systeme". DE. Pat. 10 2005 018 980.6.

Ding, S. X., S. Yin, K. Peng, H. Hao und B. Shen (2012). „A Novel Scheme for Key Performance Indicator Prediction and Diagnosis with Application to an Industrial Hot Strip Mill". In: *IEEE Transactions on Industrial Informatics* 9.4, S. 2239–2247.

Ding, S. X., Y. Yang, Y. Zhang und L. Li (2014). „Data-driven realizations of kernel and image representations and their application to fault detection and control system design". In: *Automatica* 50.10, S. 2615–2623.

Elshenawy, L. M., S. Yin, A. S. Naik und S. X. Ding (2010). „Efficient Recursive Principal Component Analysis Algorithms for Process Monitoring". In: *Industrial & Engineering Chemistry Research* 49.1, S. 252–259.

EU (1998). *Euro-3-Stufe und Euro-4-Stufe der Emissionsgrenzwerte für leichte Kraftfahrzeuge, RICHTLINIE (EG) Nr. 98/69/EG des Europäischen Parlaments und des Rates vom 13. Oktober 1998*. 98/69. Europäisches Parlament.

EU (2007). *Euro-5-Stufe und Euro-6-Stufe der Emissionsgrenzwerte für leichte Kraftfahrzeuge, VERORDNUNG (EG) Nr. 715/2007 des Europäischen Parlaments und des Rates vom 20. Juni 2007*. Europäisches Parlament.

EU (2008). *Euro-5-Stufe und Euro-6-Stufe der Emissionsgrenzwerte für leichte Kraftfahrzeuge, VERORDNUNG (EG) Nr. 692/2008 des Europäischen Parlaments und des Rates vom 18. Juli 2008*. 692/2007. Europäisches Parlament.

Feßler, D. K. (2011). „Modellbasierte On-Board-Diagnoseverfahren für Drei-Wege-Katalysatoren". Diss. Universität Karlsruhe.

Fiengo, G., L. Glielmo und S. Santini (2001). „On-board diagnosis for three-way catalytic converters". In: *International Journal of Robust and Nonlinear Control* 11.11, S. 1073–1094.

Fuqing, Y. (2011). „Failure Diagnostics Using Support Vector Machine". Diss. Lulea University of Technology.

Galar, D., U. Kumar und Y. Fuqing (2012). „RUL prediction using moving trajectories between SVM hyper planes". In: *Proceedings of the 2012 IEEE Reliability and Maintainability Symposium*. Reno, USA, S. 1–6.

Ge, Z., F. Gao und Z. Song (2011). „Batch process monitoring based on support vector data description method". In: *Journal of Process Control* 21.6, S. 949–959.

Ge, Z., Z. Song und F. Gao (2013). „Review of Recent Research on Data-Based Process Monitoring". In: *Industrial & Engineering Chemistry Research* 52.10, S. 3543–3562.

Gühmann, C (1995). „Stromanalyse zur Diagnose seriengefertigter Universalmotoren". Diss. Technische Universität Berlin.

Gühmann, C. und S. Kuhn (2009). „Verfahren und Vorrichtung zur automatischen Mustererkennung". DE. Pat. 10 2007 036 277 A1.

Guzzella, L. und C. Onder (2010). *Introduction to Modeling and Control of Internal Combustion Engine Systems*. 2. Aufl. Springer Berlin Heidelberg.

Haghani Abandan Sari, A. (2014). *Data-Driven Design of Fault Diagnosis Systems Nonlinear Multimode Processes*. Springer Fachmedien Wiesbaden.

Hao, H. (2014). „Key Performance Monitoring and Diagnosis in Industrial Automation Processes". Diss. Universität Duisburg-Essen.

Heng, A., S. Zhang, A. C. C. Tan und J. Mathew (2009). „Rotating machinery prognostics: State of the art, challenges and opportunities". In: *Mechanical Systems and Signal Processing* 23.3, S. 724–739.

Isermann, R. (2006). *Fault-Diagnosis Systems*. Springer Berlin Heidelberg.

Isermann, R. (2010). *Elektronisches Management motorischer Fahrzeugantriebe*. ATZ/ MTZ-Fachbuch. Vieweg + Teubner.

Jardine, A. K., D. Lin und D. Banjevic (2006). „A review on machinery diagnostics and prognostics implementing condition-based maintenance". In: *Mechanical Systems and Signal Processing* 20.7, S. 1483–1510.

Jungnickel, D. (2015). *Optimierungsmethoden*. 3. Aufl. Springer-Lehrbuch. Springer Berlin Heidelberg.

Kim, H.-E., A. C. C. Tan, J. Mathew, E. Y. H. Kim und B.-K. Choi (2008). „Machine prognostics based on health state estimation using SVM". In: *3rd World Congress on Engineering Asset Management and Intelligent Maintenance Systems Conference*. Beijing China, S. 834–845.

Kim, H.-E., A. C. Tan, J. Mathew und B.-K. Choi (2012). „Bearing fault prognosis based on health state probability estimation". In: *Expert Systems with Applications* 39.5, S. 5200–5213.

Kiwitz, P. (2012). „Model-based control of catalytic converters". Diss. ETH Zürich.

Köppen-Seliger, B. (1997). „Fehlerdiagnose mit künstlichen neuronalen Netzen". Diss. Universität Duisburg-Essen.

Kroll, A. (1995). „Partition identification of fuzzy models using objective function clustering algorithms". In: *Proceedings of the 1995 IEEE International Conference on Systems, Man and Cybernetics*. Vancouver, Canada, S. 7–12.

Kroll, A. (2013). *Computational Intelligence: Eine Einführung in Probleme, Methoden und technische Anwendungen*. Oldenbourg Verlag.

Kulkarni, A., V. Jayaraman und B. Kulkarni (2005). „Knowledge incorporated support vector machines to detect faults in Tennessee Eastman Process". In: *Computers & Chemical Engineering* 29.10, S. 2128–2133.

Kumar, P., I. Makki und D. Filev (2014). „A non-intrusive three-way catalyst diagnostics monitor based on support vector machines". In: *Proceedings of the 2014 IEEE International Conference on Systems, Man and Cybernetics*, S. 1630–1635.

Lee, J.-M., C. Yoo und I.-B. Lee (2004). „Statistical process monitoring with independent component analysis". In: *Journal of Process Control* 14.5, S. 467–485.

Lin, J. und D. A. Niemeier (2002). „An exploratory analysis comparing a stochastic driving cycle to California's regulatory cycle". In: *Atmospheric Environment* 36.38, S. 5759–5770.

Louen, C., S. X. Ding und C. Kandler (2013). „A new framework for remaining useful life estimation using Support Vector Machine classifier". In: *Proceedings of the 2013 IEEE Conference on Control and Fault-Tolerant Systems*. Nice, France, S. 228–233.

Louen, C. und S. X. Ding (2014). „Framework zur Prozessüberwachung von transientem und stationärem Verhalten". In: *Proceedings of the 7th International Symposium on Automatic Control*. Wismar, Germany.

Louen, C., S. X. Ding, I. Pietsch und S. Zwinzscher (2015). „On-Board-Diagnose von Drei-Wege-Katalysatoren mit Hilfe von SVM im Schubbetrieb". In: *Proceedings of the 2nd Internationaler Motorenkongress*. Baden-Baden, Germany, S. 515–528.

Lunze, J. und F. Lamnabhi-Lagarrigue (2009). *Handbook of hybrid systems control: theory, tools, applications*. Cambridge University Press.

MacGregor, J. und T. Kourti (1995). „Statistical process control of multivariate processes". In: *Control Engineering Practice* 3.3, S. 403–414.

Mahadevan, S. und S. L. Shah (2009). „Fault detection and diagnosis in process data using one-class support vector machines". In: *Journal of Process Control* 19.10, S. 1627–1639.

Mealy, G. H. (1955). „A Method for Synthesizing Sequential Circuits". In: *Bell System Technical Journal* 34.5, S. 1045–1079.

Möller, R., M. Votsmeier, C. Onder, L. Guzzella und J. Gieshoff (2009). „Is oxygen storage in three-way catalysts an equilibrium controlled process?" In: *Applied Catalysis B: Environmental* 91.1–2, S. 30–38.

Mohammadpour, J, M Franchek und K Grigoriadis (2012). „A survey on diagnostic methods for automotive engines". In: *International Journal of Engine Research* 13.1, S. 41–64.

Moore, E. F. (1956). „Gedanken-experiments on Sequential Machines". In: *Automata Studies, Annals of Mathematical Studies* 34, S. 129–153.

Naik, A. S., S. Yin, S. X. Ding und P. Zhang (2010). „Recursive identification algorithms to design fault detection systems". In: *Journal of Process Control* 20.8, S. 957–965.

Nomikos, P. und J. F. MacGregor (1994). „Monitoring batch processes using multiway principal component analysis". In: *AIChE Journal* 40.8, S. 1361–1375.

Osuna, E., R. Freund und F. Girosi (1997). „Training support vector machines: an application to face detection". In: *Proceedings of the 1997 IEEE Computer Society Conference on Computer Vision and Pattern Recognition*. San Juan, Puerto Rico, S. 130–136.

Pontil, M. und A. Verri (1998). „Properties of Support Vector Machines". In: *Neural Computation* 10.4, S. 955–974.

Qin, S. J. (2003). „Statistical process monitoring: basics and beyond". In: *Journal of Chemometrics* 17.8-9, S. 480–502.

Qin, S. J. (2006). „An overview of subspace identification". In: *Computers and Chemical Engineering* 30.10-12, S. 1502–1513.

Qin, S. J. (2012). „Survey on data-driven industrial process monitoring and diagnosis". In: *Annual Reviews in Control* 36.2, S. 220–234.

Reif, K. (2009). *Automobilelektronik: Eine Einführung für Ingenieure*. 5. Aufl. ATZ/MTZ-Fachbuch. Vieweg + Teubner.

Reif, K. und K.-H. Dietsche (2014). *Kraftfahrtechnisches Taschenbuch*. 28. Aufl. Vieweg + Teubner.

Riegel, J, H Neumann und H.-M Wiedenmann (2002). „Exhaust gas sensors for automotive emission control". In: *Solid State Ionics* 152-153, S. 783–800.

Samanta, B. (2004). „Gear fault detection using artificial neural networks and support vector machines with genetic algorithms". In: *Mechanical Systems and Signal Processing* 18.3, S. 625–644.

Schölkopf, B., J. C. Platt, J. Shawe-Taylor, A. J. Smola und R. C. Williamson (2001). „Estimating the Support of a High-Dimensional Distribution". In: *Neural Computation* 13.7, S. 1443–1471.

Schwabacher, M. und K. Goebel (2007). „A Survey of Artificial Intelligence for Prognostics". In: *Proceedings of the 2007 AAAI Fall Symposium*. Arlington, USA.

Schwabacher, M. A. (2005). „A Survey of Data-Driven Prognostics". In: *Proceedings of the 2005 AIAA Infotech@Aerospace Conference*. Arlington, USA.

Shawe-Taylor, J. und N. Cristianini (2004). *Kernel Methods for Pattern Analysis*. Cambridge University Press.

Shin, H. J., D.-H. Eom und S.-S. Kim (2005). „One-class support vector machines-an application in machine fault detection and classification". In: *Computers & Industrial Engineering* 48.2, S. 395–408.

Si, X.-S., W. Wang, C.-H. Hu und D.-H. Zhou (2011). „Remaining useful life estimation - A review on the statistical data driven approaches". In: *European Journal of Operational Research* 213.1, S. 1–14.

Sideris, M. (1998). *Methods for monitoring and diagnosing the efficiency of catalytic converters - A patent oriented Survey.* Bd. 115. Studies in Surface Science and Catalysis. Elsevier.

Sotiris, V. und M. Pecht (2007). „Support vector prognostics analysis of electronic products and systems". In: *Proceedings of the 2007 AAAI conference on artificial intelligence.* Vancouver, Canada.

Tax, D. M. und R. P. Duin (1999). „Support vector domain description". In: *Pattern Recognition Letters* 20.11-13, S. 1191–1199.

Van Basshuysen, R. (2013). *Ottomotor mit Direkteinspritzung: Verfahren, Systeme, Entwicklung, Potenzial.* 3. Aufl. ATZ/MTZ-Fachbuch. Vieweg + Teubner.

Venkatasubramanian, V., R. Rengaswamy, S. N. Kavuri und K. Yin (2003). „A review of process fault detection and diagnosis Part III Process history based methods". In: *Computers and Chemical Engineering* 27.3, S. 327–346.

Vieira, F., C. de Oliveira Bizarria, C. Nascimento und K. Fitzgibbon (2009). „Health monitoring using support vector classification on an Auxiliary Power Unit". In: *Proceedings of the 2009 IEEE Aerospace conference.* Big Sky, USA, S. 1–7.

Weibull, W. (1951). „A Statistical Distribution Function of Wide Applicability". In: *Journal of Applied Mechanics* 18, S. 293–297.

Weinhold, N. (2007). „Einbettung modellgestützter Fehlerdiagnose in Regelungssysteme und deren Anwendung für die On-Board Diagnose in Fahrzeugen". Diss. Universität Duisburg-Essen.

Widodo, A. und B.-S. Yang (2007). „Support vector machine in machine condition monitoring and fault diagnosis". In: *Mechanical Systems and Signal Processing* 21.6, S. 2560–2574.

Widodo, A., B.-S. Yang und T. Han (2007). „Combination of independent component analysis and support vector machines for intelligent faults diagnosis of induction motors". In: *Expert Systems with Applications* 32.2, S. 299–312.

Yao, Y. und F. Gao (2009). „A survey on multistage/multiphase statistical modeling methods for batch processes". In: *Annual Reviews in Control* 33.2, S. 172–183.

Yin, S., S. X. Ding, A. Haghani, H. Hao und P. Zhang (2012). „A comparison study of basic data-driven fault diagnosis and process monitoring methods on the benchmark Tennessee Eastman process". In: *Journal of Process Control* 22.9, S. 1567–1581.

Yin, S., S. X. Ding, X. Xie und H. Luo (2014). „A Review on Basic Data-Driven Approaches for Industrial Process Monitoring". In: *IEEE Transactions on Industrial Electronics* 61.11, S. 6418–6428.

You, S., M. Krage und L. Jalics (2005). „Overview of remote diagnosis and maintenance for automotive systems". In: *SAE Technical Paper No. 2005-01-1428.*

Yu, J. und S. J. Qin (2008). „Multimode process monitoring with Bayesian inference-based finite Gaussian mixture models". In: *AIChE Journal* 54.7, S. 1811–1829.

Yuan, S.-F. und F.-L. Chu (2006). „Support vector machines-based fault diagnosis for turbo-pump rotor". In: *Mechanical Systems and Signal Processing* 20.4, S. 939–952.

Zhang, Y. (2009). „Enhanced statistical analysis of nonlinear processes using KPCA, KICA and SVM". In: *Chemical Engineering Science* 64.5, S. 801–811.

Printed in the United States
By Bookmasters